Duette mit ihm

Alexandra Röhl

Duette mit ihm

Über die Freundschaft mit einem Rotkehlchen

Verlag Freies Geistesleben

Alexandra Röhl wurde 1899 als Tochter eines Rittergutsbesitzers in Friederikenruh (Ostpreußen) geboren. Sie studierte in Weimar Malerei und bekam auch bald Kontakt zum dortigen Bauhaus. Feininger, Klee, Schlemmer, Kandinsky gehörten zu ihren engeren Bekannten. Nach einigen Jahren Ehe mit Karl Peter Röhl machte sie eine Schneiderlehre, dann die Meisterprüfung und eröffnete am Kurfürstendamm in Berlin ein Modeatelier, das bald zu hohem Renommee gelangte. Nach dem Krieg übersiedelte sie in die Nähe von Amorbach im Odenwald. Dort fand sie das Rotkehlchen, von dem sie im vorliegenden Buch, ihrem ersten (1968), berichtet. Es folgte 1975 *Geflügelte über uns*, ihre Betrachtung über den Vogel in Mythos und Geschichte, Natur- und Geisteswissenschaft. Zuletzt galt ihr Engagement dem Tierschutz, sie war eine erklärte Gegnerin von Tierversuchen. Alexandra Röhl starb 1976 in Buchen.

21. Auflage 2017

ISBN 978-3-7725-0564-5

Verlag Freies Geistesleben
Landhausstraße 82, 70190 Stuttgart
Internet: www.geistesleben.com

Umschlagfoto: O. Giel / Blickwinkel
Druck: DZA Druckerei zu Altenburg GmbH
Printed in Germany

In memoriam Thülö Röhl

Der 17. November 1957 war kalt, zwischen Schnee und Regen. Wir Ostpreußen sagten zu Hause: Es schlackt.

Ich radelte zu unserm kleinen Nachbardorf im Odenwald, um Einkäufe zu machen, fuhr geduckt unter Schneetropfen, die von den hohen Tannen am Wege fielen, und so sah ich – halb ins graubraune Laub des Straßenrandes versteckt – ein Vöglein sitzen; seine Rückenfarbe war kaum von der des Herbstbodens zu unterscheiden.

Ich stellte mein Rad an die andere Seite der Straße und ging sehr vorsichtig zu dem Kleinen.

Du Armer, was ist mit dir hier in der Kälte?

Er flog nicht fort. Ich zog langsam die noch in der Tasche trocken liegenden Handschuhe an, damit er sich nicht vor meiner Menschenhand erschrecken sollte, nahm ihn behutsam, sah, dass es ein kleines Rotkehlchen war mit verletztem Oberschenkel und wahrscheinlich einer Kopfprellung, setzte es in meine offene Einkaufstasche und dachte: Ob ich's wohl noch lebend ins Dorf bringe?

Mit großen Augen schaute das «Vögele» hoch aus der Einkaufstasche. Es saß zwischen Reis und Rama und rührte sich nicht.

Wir kamen zum alten Tischler:

«Sie haben ein Rotkehlchen? Wissen Sie auch, dass dieses klein Tierle unserm Herrgott am Kreuz seine Schmerzen hat lindern gewollt und den Dorn aus der Stirne zog? Und dabei hat sich's sei Brüschtle rot gemacht mit dem Heiland sein Blut und so hat's bis zum heutigen Tag die herrlich roten Federn behalt'n.»

Ja, ob mein kleiner Heilandsvogel am Leben bleibt?

Er saß in der offenen Tasche still, bis wir zu Hause in meinem Zimmer waren. Hier flog er beim Hinsetzen der Tasche hoch und nach Vogelart sofort gegen das Fenster, fiel herunter und blieb mit müden, gebreiteten Flügeln liegen.

Ich war allein im einsamen Waldhaus. Niemand konnte mir behilflich sein, dem zarten Tier den gebrochenen Schenkel zu schienen oder einzurenken, falls er nur ausgekugelt war. Würde ein Tierarzt, der gewohnt ist, Kühe und Pferde anzufassen, dieses winzige Geschöpf kurieren? Ich schauderte bei der Vorstellung.

Vorsichtig versuchte ich, den Vogel noch einmal zu fangen, um ihn selbst zu untersuchen. Da flog er die Wand entlang und setzte sich mit seinem gesunden Füßchen auf eine Stecknadel, mit der ich ein Kunstblatt an die sonst leere Wand gepiekt hatte, flog dann weiter, und Stecknadel sowie Papier blieben völlig ungestört an der Wand!

Welch ein Wesen war mir da zugeordnet! Bewunderung ergriff mich vor den Möglichkeiten seiner Welt.

Doch mir waren Aufgaben mit ihm gestellt. Konnte er in meiner Wasserkanne ertrinken? auf dem heißen Ofenrohr verbrennen? Ich holte ein Stück Drahtgeflecht und balancierte es über das Rohr. Aber der Draht durfte auch nicht heiß werden für die Vogelfüße. Aus der Werkzeugkammer suchte ich ein paar Fetzen Asbest hervor, klemmte sie unter den Draht, wo er das Ofenrohr berührte und erreichte somit, dass der Vogelsitz lauwarm blieb. Doch vor allem, was will mein Vogel speisen? Ich streute ihm Haferflocken und Gries hin. Er saß stumm in der Fensterecke und rührte sich nicht.

Mehlwürmer!, dachte ich.

Nachmittags radelte ich bei Glatteisgefahr ins entferntere Dorf Kirchzell, um in einem Laden nach Mehlwürmern zu fragen. Entrüstet antwortete man mir, in einem sauberen Laden gäbe es keine Mehlwürmer.

Im zweiten Geschäft ging es mir nicht besser, aber die Bäckerin war schon netter. Sie ging mit mir in die verstecktesten Winkel der Backstube und fuhr mit den Fingern die Ritzen entlang. Ein paar Geflechte mit Eiern holte sie hervor. Würmer fand sie nicht. Ich nahm die Geflechte mit und wagte noch einmal die Glatteisfahrt nach Watterbach, in das höher gelegene Bauerndorf. Dort gab mir ein Vogelfreund Unkrautsamen, der als Rückstand aus der Dreschmaschine kam. Ich nahm ihn voller Hoffnung mit.

Aber mein Vogel saß in der Ecke und rührte sich nicht.

Der zweite Tag ging vorbei, ohne dass er etwas zu sich nahm. Am dritten Tage grub ich Regenwürmer aus und schüttete sie ihm mit aller Erde hin. Er flatterte ängstlich und ließ sie liegen; sie krochen durch mein Zimmer.

Ich gab die Hoffnung auf, den kranken Vogel am Leben zu erhalten. Sein verunglücktes Bein hing schlaff nach außen, ob er saß oder ob er flog. Er gab keinen Laut von sich.

Am nächsten Morgen wachte ich von einer ungewohnten Bewegung am Fenster auf. Ich lugte sachte durch halb geöffnete Augen und sah zu meinem Erstaunen, dass mein kleiner Patient am Untersatz eines Blumentopfes saß und mit dicken Schlucken eifrig – nicht nur fraß, sondern wirklich in sich hineinstopfte! Ich rührte mich nicht, überglücklich in dem Gefühl, dass die erste schlimme Apathie überwunden sei.

Aber was hatte er denn da, was ihm so ausgezeichnet schmeckte? Später, als er satt ans andere Fenster geflogen war, stellte ich fest, dass einige Unkrautsamen, die ich reichlich auf die Blumentopferde geschüttet hatte, in das Wasser des Untersatzes gefallen waren und dort aufquollen. Das war die Delikatesse, die Rettung für meinen Vogel.

Nun fing ein ungeheueres Leben voller Hoffnungen für mich an. Ein Plan nach dem andern schoss durch mich, wie ich unser Leben zu zweit einrichten würde. Ihm sollten keine Gefahren drohen, und ich müsste neben ihm arbeiten können.

Aber ich durfte nicht vergessen: obwohl die erste Mahlzeit schmeckte, war der Vogel ja noch nicht geheilt. Ich sann darüber nach, ob ich mit seinem hängenden Bein etwas unternehmen könnte.

Es vergingen zwei Tage, in denen er zumeist auf der Gardinenstange saß und herabgeduckt ins Freie sah, mir seine Rückfront zugewandt. Dabei bemerkte ich, dass er wohl Durchfall hätte. Wie bei kranken Küken waren seine Federchen verklebt, und es wurde immer schlimmer. Da ich weiß, wie gefährlich dieser Zustand für Geflügel ist, sank meine Hoffnung, den Vogel durchzukriegen.

Am fünften Tage geschah etwas Merkwürdiges. Mein Pflegling saß auf einer Stange, und ich sah, wie er sein krankes Bein, das ganz wie mit Kalk umkleistert war, auf seinen Sitz heraufzog und anfing, es mit seinem Schnabel zu bearbeiten. Er pickte und zerrte daran herum, als wenn es ihm gar nicht gehörte. Und immer wütender wurde diese Betätigung. Er hackte auf sein Bein, wie ein Specht auf ein Stück Holz. Stundenlang. –

Dazwischen aß er vorgeweichten Unkrautsamen.

Und stundenlang saß er auf der Gardinenstange, um hinauszuschauen. Je mehr er sein Bein bearbeitete, desto beweglicher wurde er, und er fing an, sich zu putzen. Auch den vermeintlichen Durchfall schaffte er weg. Der Arme hatte sich bisher nur nicht säubern können.

Der zehnte Tag ist mir noch wie ein Jubiläum in Erinnerung.

Wieder saß der Kleine auf der Stange und hackte seinen Fuß. Und wie so des Öfteren meine Augen von der Arbeit auf und zu ihm hinglitten, sah ich und es kostete mich wahrhaft Freudentränen – ich sah, dass der hintere Zeh des kranken Fußes sich bewegte!

Der Vogel kurierte sich ganz allein! Vielleicht halfen ihm auch ein wenig meine zärtlichen Gedanken – und meine Fröhlichkeit, dass es so schnell vorwärtsging.

Von jetzt ab überstürzten sich jeden Tag die aufregendsten Ereignisse.

Die ersten Laute

Mein schweigsamer Vogel begann, sehr interessierten Anteil an der Außenwelt zu nehmen, an dem, was er von seiner Gardinenstange außerhalb des Fensters sah. Wenn draußen Vögel durch die Efeuhecke schlüpften, stieß er ein paar wie Kastagnetten knackende Laute aus und wippte mit dem Schwanz. Auch hörte ich ihn öfters ein lang gezogenes «Ti-i-» oder «Zi-i-i» rufen, und er flog dann aufgeregt von einer Stange zur andern.

Auf einmal erscholl dicht vor seinem Lieblingsfenster ein entzückender Gesang. Ich hob vorsichtig die Augen und sah ein Rotkehlchen in strahlender Positur auf der alten Gartentür sitzen. Zum Fenster hingewandt schmetterte es sein Lied, und mein kleiner Patient antwortete teils gebannt hinstarrend, teils in erregten Flattertouren mit langem «Zi-i-i-». Was ging da vor sich?

Das Rotkehlchen draußen sah genauso aus wie meins. Wie unterscheiden sich Männchen von ihren Partnerinnen?

Das Lexikon belehrte mich, dass man nichts Unterschiedliches an ihnen entdecken könnte. So wurde es für mich glaubhaft, dass der Sänger draußen der Kavalier meiner Schönen sei und dass ich nun die Aufgabe hätte, ihm seine Wege ins Zimmer zu erfinden; eine Aufgabe, die kaum lösbar gewesen wäre. Denn durch dieselbe Tür – oder Fensterritze, die ich ihm geöffnet hätte, wäre meine aufmerksame Kranke entwischt. Wäre dann sofort ein Opfer der Raubvögel geworden.

Vielleicht hätte ich eine Fensterfalle bauen können, aber damit war ich im Moment überfordert. Ich hatte ja schon im Zimmer Einrichtungen zu treffen, die meine Zeit äußerst in Anspruch nahmen.

Zum Beispiel das Bad: Ich las im Brehm, dass Rotkehlchen baden müssen.

Ich stellte meiner Pflegebefohlenen, die ich wegen ihres Freundes Philine getauft hatte, eine Untertasse mit Wasser hin. – Sie trank nur mal ein Tröpfchen daraus. – Ich probierte es mit kleinen Schüsseln, großen, flachen und tiefen Tellern: Gebadet wurde nicht.

Aber ich hatte einen alten Küchenausguss in meiner Klause, den ich kaum benutzte. Einmal schüttete ich dort Wasser aus, von dem ein Rest auf dem braunroten Sandstein stehen blieb.

Sieh da, während ich still arbeitete: hinter meinem Rücken ein plätscherndes Flügelschlagen: Philine badete in der kaum zentimetertiefen Pfütze.

Jetzt wurde mir deutlich, was sie wünschte: eine dunkle Badewanne, die den heimlichen Gründen ihres Waldbaches ähnelte.

Ich entsann mich einer braunen Untertasse, die stellte ich ihr gefüllt hinter einen Blumentopf. Und tatsächlich, am nächsten Morgen um dieselbe Zeit erklang wieder ein heftiges Geplätscher. Sie schlug das Wasser mit den Flügeln, dass es fast klingende Töne gab. Dann flog sie auf die Strebe unter einem Tisch, für mich unsichtbar, und plusterte und putzte sich. Auch hier entstanden bei dem betriebenen Eifer amüsante Geräusche. Als sie nach intensiver Schönheitskur mit trockenem, glänzendem Gefieder erschien, setzte sie sich in Positur auf die Vorhangstange, wo ich sie sehen konnte.

Und das blieb: Solange sie bei mir war, ließ sie sich nass mit jämmerlichen Federn nicht sehen.

Jeder weitere Tag, den ich nun mit dem Vogel zusammen war, brachte neben meiner immerhin reichlichen Arbeit neue Aufgaben, neue Fragen, neue Ängste um das noch kranke Tier, aber auch die Möglichkeit wonnevollster Beobachtungen.

Wie ist so ein Wildvogel bezaubernd, wenn er allmählich seine Scheu verliert und sich dem menschlichen Leben ruhig anordnet!

Wenn er still sitzt und mit großen, klugen Augen wahrnimmt, was um ihn herum geschieht! Wie schön ist er, wenn er sich hoch richtet mit seiner roten Brust und der blauen Zeichnung, die sich bis um den Schnabel legt! Wie zart die Bewegung, wenn er trinkt, und höchst zielsicher, wenn er sich das Beste aus dem Futter holt!

Die erste gedrückte Zeit, in der er sicher noch Schmerzen hatte und überaus ängstlich war, schien überwunden zu sein. Er richtete sich einen ihm gemäßen Tageslauf neben mir ein. Morgens beim ersten Hellwerden weckte er mich mit Flugsport. Fünf bis zehn Minuten ging es unablässig an der Decke entlang, von einer Gardinenstange zur andern, quer rüber zur Leiste an der Tür und zum Draht über dem Ofen. Oder rund herum durchs ganze Zimmer in vielen Kreisen und Kreuzlinien – ohne niederzusitzen.

Danach wurde die erdbraune Kokosmatte, mit der mein Zimmer ausgelegt war, sauber gemacht. Rührend das Bild: Philine als kleines Dienstmädchen mit vorgebundener roter Schürze, auf dem Boden eifrig jedes Körnchen auflesend. Sie hatte einen Ausdruck wie: liebevoll – gutmütig, mit dem nötigen Schuss dazugehöriger Beschränktheit. Später kamen ganz andere Gebärden bei ihr zutage. Während sie richtig am Fenster frühstückte, flogen an der Außenseite die Meisen in ihr Futterhaus, das manchmal geräuschvoll an das Fensterkreuz bumste. Höchst aufmerksam beobachtete Philine das Treiben von Kohl-, Sumpf-, Haubenmeisen. Das kleine «Tzid-Tzid» der Blaumeischen schien sie mit Kopfbewegungen mitzumachen, ebenso wie den derben Anflug der Amsel.

Ihr Ausdruck wechselte mit allem, was neu in ihr Gesichtsfeld trat.

Wenn ich mein Bett machte, verzog sie sich in eine Ecke meines Zimmers, und aus ihrem «Gesicht», das sich über das ganze Federkleid, alle Bewegungen und die großen Augen erstreckte, sprach unmissverständlich, was ein Mensch mit den Worten ausdrücken würde: «Muss das nun ausgerechnet sein?»

Plötzlich entdeckte sich Philine in einem nicht sehr großen Toilettenspiegel. Und jetzt geschah etwas, was alles in mir zusammenstürzen ließ: Mein Fräulein Philine setzte sich auf ein winziges Leuchterchen vor dem Spiegel und fing an, ein unbeschreiblich süßes Lied zu singen.

Ich stand wie vom Schlage gerührt mitten im Zimmer: Ist meine Philine ein Mann?

Er verbeugte sich vor dem Spiegelbild und sang toll und toller.

Dann brach er ab und horchte. Niemand antwortete. Er sang noch einmal, horchte wieder – und noch einmal – nichts antwortete.

Er pickte leise mit dem Schnabel auf den Spiegel-Schnabel: hart und kalt! Da packte ihn die Wut. Er sauste mit aller Kraft auf sein Gegenüber los und mit Mühe erwischte ich den Spiegel, dass er nicht in Scherben ging. Ich stellte ihn etwas fester, aber bald war der Vogel wieder davor, und das Schauspiel wiederholte sich.

Armer Vogel, deine Frau ist aus Glas! Es tat mir in der Seele weh. Ich stellte mich hinter ihn, und wenn er auf Antwort wartete, fing ich an, ein bisschen so ähnlich zu pfeifen, wie ich es eben von ihm gehört hatte. Aber ich konnte es noch gar nicht. Ich kam nicht auf seine Höhe und es wurde kläglich.

Da drehte er sich um nach mir, und ich werde nie vergessen, wie in diesem Moment Erregtheit, Trauer in seinen Augen herüberwechselte in ein mitleidiges «Das kannst du doch nicht!»

Es ging weiter. Er sang wieder und horchte. Da versuchte ich, mit meiner Stimme, wie ich gewöhnlich in meiner Tonlage singe, ihm zu antworten. Er stutzte – beugte den Kopf und begann sofort eine neue, schmetternde Gegenantwort. Das fand ich herrlich. Ich sang wieder, er entgegnete, und so übten wir unser erstes Duett.

Hiermit begann meine Lehre bei dem kleinen Vogel

Sie erstreckte sich auf das ganze Gebiet unseres gemeinsamen Lebens. Ich hatte während meiner täglichen Arbeit nicht nur meinen Schützling zu pflegen, sondern es schien, als wollte er mich zum Partner für seine Liebesgespräche küren. Diese zauberhaften Gespräche in Tönen brauchen ihre Atmosphäre.

Der Vogel schuf sich dieses Reich seiner Töne; aber ich, der laute Mensch mit seinen Tätigkeiten, musste erst lernen, seine Kreise, seine Stimmung nicht zu stören.

Es genügte nicht, dass meine Bewegungen leichter und ruhiger wurden als zuvor – das ist Vorbedingung, wenn man einen gefiederten Gefährten bei sich hat.

Mein Vogel brauchte mehr: Wenn das, was in unserm ersten «Duett» anklang, weitergepflegt werden sollte, musste er das Zutrauen zu mir gewinnen, ich könnte in gewisser Weise ein echter Partner für ihn werden.

Natürlich übte ich, mich seinem Gesange anzupassen, aber das war nicht das Wesentliche. Der scheue Fremdling aus den Lüften brachte mich dazu, mich nicht auf ihn zu konzentrieren, ihn nicht erforschen, beobachten und «registrieren» zu wollen, sondern mein Denken wie einen Teppich vor ihm, unter ihm auszubreiten, mein innerstes Gefühl – und wenn auch unterbewusst, und wenn auch im Schlaf – seiner Welt offen zu halten.

Und er, der ein sehr viel feineres Wahrnehmungsvermögen hat als der Mensch, fand wohl in diesem Bereich die Verbindung zu mir. Weil er meine offene Bereitschaft spürte, wurden die Beziehungen zwischen uns immer lebendiger.

Man glaube nur nicht, dass dies so einfach vor sich ging.

Was mussten wir beide gefühlsmäßig durchlaufen seit der ersten Begegnung, von der es heißt, sie bliebe ausschlaggebend für die Art eines späteren Konnexes?

Wie war die Situation vom Vogel aus gesehen? Ich stelle mir vor, ich hätte mit gebrochenem Oberschenkel im Schnee gelegen und da wäre ein Riese gekommen, drei bis viertausend Mal schwerer als ich (ein Rotkehlchen wiegt ca. 16 Gramm!) und hätte mich mit seiner Riesenpfote angelangt – – –: furchtbarste Angst und unbeschreibliche Schmerzen werden die Gefühle gewesen sein, die er

bei meinem ersten Zugriff empfand. Und weitere Qualen reihten sich an. Die vielen Augen, die sich in Watterbach über ihn beugten, der erste schmerzhafte Flug gegen mein Fenster, die Wahnsinnsängste vor Papier und Vorhängen, die sich bewegten, ach, und es gab keinen richtigen Platz zum Schlafen.

Sowie er ein bisschen eingenickt war, flammte das mörderische elektrische Licht auf, und dauernd machte ich, der Riese, vor ihm die unvernünftigsten Bewegungen, die ihn aufscheuchten, ich, der ihn gefangen hielt, der nur aufpasste, dass er nicht entflog.

Wie könnte man auf den Gedanken kommen, dass unter diesen Voraussetzungen das zarte, verletzte Tier mich als seinen Wohltäter betrachtete? Ich war oft in Versuchung, ihm das Fenster zu öffnen, doch der große Bussard wartete nur auf derlei Leckerbissen. Ich musste mein hartes Krankenschwesteramt durchführen.

Natürlich war ich bedacht, den schlimmen ersten Eindruck auszulöschen, indem ich dem Vogel dauernd etwas zu Liebe tat. Er nahm all meine Anstrengungen sehr gelassen hin, so, als ob er wüsste, dass ich verpflichtet sei, ihn zu versorgen. Ihm eine Extra-

Freude zu machen, schien aussichtslos. Ich buhlte um seine Gunst und spürte doch nie die leiseste Erwiderung.

Zu meinem größten Erstaunen brach seine Freude auf, als ich es gar nicht vermutete. Es war Weihnachten Dritt-Feiertag. Mein Gast wohnte also schon sieben Wochen bei mir. Es war mir selbst nicht begreiflich, dass ich erst jetzt auf die Idee kam, der Vogel hätte Sehnsucht nach Sand. Er flog ja frei im Zimmer und sämtliche Blumentöpfe standen ihm zur Verfügung. Ich hatte ihm auch Erde und Moos auf ein Fensterbrett getan. Außerdem war Frostwetter gewesen. Ich hätte schwer Sand schürfen können.

Jetzt taute es, ich holte reinen Sand und stellte einen flachen Karton damit neben den Ofen. Im selben Moment schon hatte ihn der Vogel bemerkt, flog herein, saß mitten auf dem Sand und jubelte einen Freudengesang.

Und dieser Sandgesang war sicher die erste Freudenregung von ihm, die ich für mich verbuchen konnte.

Bald kam die zweite, die mich noch mehr verwunderte: Ich erhielt ein Radio. Ich wagte nicht, es anzustellen – in Angst, das könnte eine Katastrophe geben. Ich suchte in der Zeitung, wann

Barockmusik gespielt würde. Und sehr leise und vorsichtig stellte ich ein bisschen Mozart an.

Vielleicht hatte noch nie ein kleiner Handgriff von mir so durchschlagenden Erfolg: Mein Vogel ruckte hoch, setzte sich auf seiner Stange unter dem Schreibtisch in Positur und sang mit! Erst etwas schüchtern, dann richtig laut.

Das war etwas für ihn! Er rückte aufgeregt dem Radio immer näher und bald hatte er seinen Gesangsplatz auf das Radio verlegt. Dieses bot ihm nicht nur Töne, sondern etwas Wärme für seinen kleinen Fuß, der draufstand. Es war ja immer nur einer, der ihn trug. Den Gebrochenen hielt er hochgezogen.

Obwohl ich vorsichtig die Radio-«Darbietungen» prüfte, tobte einmal aus Versehen ein Jazz heraus. Im selben Augenblick war mein Vogel unter dem Bett, dem Zufluchtsort, wenn er sich fürchtete, besonders auch, wenn ein anderer Mensch außer mir ins Zimmer kam. So geschah es, dass nie ein Gast von mir des Vogels ansichtig wurde, geschweige ihn singen hörte.

Ich singe nur mit dir

Diese Tatsache ließ mich begreifen, in wie hohem Maße ich das Herz meines kleinen Sängers schon gewonnen hatte, dass es unverhofft und auf ganz andere Weise zu erobern war als mit leckeren Bissen (die nimmt das Rotkehlchen als selbstverständlich entgegen) oder womöglich mit körperlicher Nähe («wofür dem Rotkehlchen als ungeselligem Vogel einfach das Organ fehlt», so Konrad Lorenz). Seine Liebe geht dem Weg der Töne nach – geht nicht durch den Magen, sondern durch das feinste Gehör des Ohrs und des innersten Gefühls.

Wenn ich zu ihm sagte: «Du bist mein Sü-ü-üßester», so verstand er es wegen des «ü», und nichts Sentimentales war dabei. Wir beide wussten schon, was uns ergötzte, wir sangen und pfiffen, er entweder vor dem Spiegel oder auf seiner Sitzstange – ich, während ich nähte, mich immer mehr im Pfeifen übend, ganz glücklich, wenn ich schon zuweilen seine Höhe erreichte.

War ich dann und wann verhindert mitzutun, stellte ich ihm

das Radio an. Ja, es kam so weit, dass er, wenn er Lust auf Radiobegleitung hatte, vor den Apparat flog und ihn intensiv ansang, den Kopf ihm zugewandt, und wenn ich diese Aufforderung verstand und andrehte, befriedigt seinen Platz auf dem Gerät einnahm und einen Extra-Dank jubelte.

Diese Art des Bittens hat er noch oft betätigt. Wenn sein Schüsselchen leer war, setzte er sich darauf und sang. Wenn der Ofen kalt war, flog er ganz dicht vor die Ofentür und sang sie an. Und welch ein Jauchzer kam, wenn ich darauf reagierte!

Diese seine Art machte mir großen Eindruck. Spatzen, Meisen, Amseln schimpfen und zetern, wenn sie etwas haben wollen.

Das Rotkehlchen singt!

Und wir Menschen?? Da wird's einem doch sehr beklommen, wenn man an sich denkt. – –

Bei meinen Fahrten in die Nachbardörfer erzählte ich manchmal Vogelfreunden von dem meinen. Doch wagte es jemand, ihn sehen zu wollen: sowie er das Zimmer betrat, schlüpfte mein Vielgerühmter unter das Bett, rührte sich nicht und gab keinen Laut von sich.

Nur ein junges Mädchen war vorsichtig genug, vor der geschlossenen Tür stehen zu bleiben und zu horchen. Die hörte, wie er sang.

Sie war in jener Zeit die Einzige, der dies glückte.

Wer in persona das Zimmer betrat, musste unverrichteter Sache wieder verschwinden, und auf eben diesen Moment wartete der Vogel. Kaum hatte sich die Tür hinter dem unerwünschten Besucher geschlossen, kam er verschmitzt aus seinem Versteck, plusterte sich in bester Laune und fing mit mir ein Geschwätz an.

Ohne Frage hatte ich in seiner Vogelordnung eine Ausnahmestellung errungen. Ich hatte einen Rang erworben. Einen Vorzugsrang vor allen anderen Menschen.

Wie die Löwin von Frau Adamson ihre Menschenmutter als zum Rudel gehörig betrachtete, so erhielt ich jeden Tag mehr Bestätigungen von meinem Rotkehlchen, dass es mich zu den Seinen zählte.

Seine Anhänglichkeit wurde immer deutlicher, obwohl Rotkehlchen doch einsame, ungesellige Vögel sind. Nicht im Füttern allein lag die Ursache, sondern weil wir miteinander redeten – – – auf unsere Art.

Wir gehen auf Reisen

Das Leben in der Waldeinsamkeit mit meinem Freunde konnte nicht so weitergehen, denn ich habe ja einen Beruf, der mich gelegentlich auswärts hält.

Was sollte mit dem Vogel werden? Im Waldhaus konnte ich ihn nicht lassen, denn im Winter wohnte niemand außer mir dort. Das nächste Dorf lag zwei Kilometer entfernt. Niemand wäre gekommen, um das Rotkehlchen zu versorgen. Ich hätte die Pflege auch kaum jemandem anvertraut.

Also musste er mit mir fahren. Ich überlegte alle Vorbereitungen zu dieser schwierigen Reise. Ein Vogelbauer musste beschafft werden, das so groß war, den an Zimmer-Weite gewohnten Vogel zu beherbergen. Zugleich musste ich es mit meinem anderen Gepäck tragen können. Vier Tage vor dem großen Start kam ich mit einem hübschen, sehr großen Vogelgemach in unser Zimmer, stellte es auf das Fensterbrett, das als Futterplatz diente, und tat Futter und Trinknäpfchen ins aufgemachte Bauer.

Mein kluger Vogel hatte bald heraus, durch welche kleine offene

Tür man zum Futter schlüpfen konnte, und ohne Aufhebens speiste er von jetzt ab in dem Bauer.

Ich atmete auf. Es schien alles gut zu gehen. Nun fehlte nur noch der Trick: wie kriege ich die Tür zu, wenn er grade drin ist am Abfahrtstage? Sowie ich mich dem Vogelhaus näherte, flitzte der Schlaukopf strichdünn mit angelegten Flügeln heraus. – Ich musste wieder sehr nachdenken, bis ich mit Hilfe einer drei Meter langen Schnur das Türchen von Weitem bewegen konnte.

Am Nachmittag unserer Abfahrt hatte ich entsetzliches Lampenfieber, wie ich mich mit Tür und Schnur anstellen würde.

Der Moment kam, und tatsächlich, die Tür schlug zu. Ich hatte einen Gefangenen.

Der Vogel wusste sofort, was geschehen war. Er flog nicht gegen die Stäbe. Er machte nur ein paar Bewegungen, die solche Verzweiflung ausdrückten, dass mir fast das Herz versagte. Selbst über mich aufgeregt, was ich dem Tier angetan hatte, packte ich die letzten Sachen, band ein dunkles Tuch um den Käfig, schloss ab und ging mit dem Gebündle zur Landstraße, um auf den Autobus zu warten.

Der Vogel war ruhig, aber beim ersten Motorkrach des anfahrenden Busses ging das Geflattere los, unablässig – – eine Qual für uns beide. Eine halbe Stunde Bus, und noch schlimmer: eine Stunde Schienenbus bei starkem Verkehr. Ich hielt das Bauer auf dem Schoß, zum Teil frei in der Hand, um die Stöße abzufangen. Nichts nützte. Ich glaube, wir waren beide fast tot, als wir ankamen.

Am nächsten Morgen besuchte uns die Herrin des Hauses, um nach ihrem kleinsten Gaste zu schauen. Er flatterte von einer Stange zur andern, leise, gleichförmig. – – Nach einigen Minuten stillen Beobachtens sagte sie mit dem rechten Blick begabt und großer Herzlichkeit: «Machen Sie den Käfig auf, der Vogel geht Ihnen ein!»

Ich erschrak bei dem Gedanken, denn ich war in einem Zimmer mit kostbaren Möbeln, Gemälden, Prismenlüster und Teppichen untergebracht. Aber unsere Hausherrin wusste ja selbst, dass Vögel nicht stubenrein sind – umso anerkennenswerter war ihre Aufforderung. Ich öffnete das Bauer: Husch saß mein Vogel auf dem Rahmen eines großen Bildes und tat so, als ob nun alles in Ordnung wäre.

Ich bat um einen Stoß Zeitungspapier. Damit legte ich das ganze Zimmer aus, Teppich, Tische, Bett, Schränke, Sessel, und dann begann ich, die kostbaren Stoffe auszubreiten und schnitt zu: eine lustige Schneiderwerkstatt in Zeitungspapier!

Nachdem die Blätter fest lagen und nicht mehr knisterten, war der Vogel zufrieden, fand den riesengroßen Raum geeignet für seine Flüge, und wenn es mittags köstliche Leber oder Braten gab, brachte ich ihm davon winzig klein Geschnittenes und Kartoffelstückchen, weil im Brehm steht, dass Rotkehlchen menschliche Nahrung vertragen. Meines fand sie sichtlich gut und gedieh fröhlich, was bald in heimlichen Liedern Ausdruck erhielt, wenn wir beide allein waren. Ganz überglücklich erzählte ich oben: Er singt! Aber eben nur mit mir. – Wenn ein anderer das Zimmer betrat, war auch hier ein Bett, unter dem er verschwand.

Man frotzelte mich: Sie mit Ihrem Vogel! Kein Rotkehlchen singt im Januar, und wenn es sänge, würde es ja auch jemand hören.

Die fünfjährige Tochter kam still mit zarten Füßchen herein. Die hörte ihn, und die treue Hilfe aller Sauberkeit kam auch. Ich sagte ihr, der Vogel singt nur, wenn wir so heilig still wie in der Kirche sind. Da faltete sie die Hände und stand andächtig. Und tatsächlich, mein Wundervogel, der auf der Schnur vom elektrischen Bügeleisen saß, tat ihr den Gefallen und stimmte an.

Einmal entflog er in den hohen, großen Flur, eine Nervenprobe für mich. Äußerlich blieb ich ganz gelassen, und nach einiger Zeit erschien er wieder im wärmeren und helleren Zimmer.

Die Arbeit war nach zwei Wochen beendet und es galt, mein Patent mit der Schnur wieder in Aktion zu setzen. Ich sah mich vor, dass diesmal das Türchen nicht klappte, als der Vogel im Bauer war, sodass er den Moment der Gefangennahme kaum merkte.

Während der Reise ließ ich das Vogelhaus unzugebunden dicht neben mir stehen. Da konnte er mich sehen. Sowie ein Schrecken kam, rutschte er in die Ecke zu mir hin, die Brust zu mir gewandt.

Das ist das größte Vertrauenszeichen bei Rotkehlchen. Sind sie skeptisch, scheint ihnen etwas nicht geheuer, verstecken sie die Brust und lugen über den oliv-braunen Rücken, der die Schutzfarbe hat, in Richtung Gefahr – was übrigens sehr komisch aussieht.

In unserm Zimmer ängstigte es meinen Empfindlichen sehr, wenn ich mich seinem Käfig näherte. Hier jedoch, im Höllenlärm von Motoren und Menschen, schien ich für ihn die noch einzig ruhige Rettung zu bedeuten, und ganz gerne nahm ich dies zur Kenntnis.

Im Wartesaal von Tauberbischofsheim spielte ein ungefähr siebenjähriges Mädchen mit anderen. Als es den Vogel erblickte, kam es herbei und jauchzte: «Ach, ein Vögele.» Die blauen Kinderaugen hatten etwas seltsam Aufrührerisches. Es war, als ob Kind und Vogel, zwei Wesen von einem andern Stern, sich hier auf der Erde begegneten, und der schwimmende Blick des Mädchens schien mich zu fragen: Bist du gar nicht so glücklich über den Vogel wie ich?

Die andern Kinder spielten. Die Kleine blieb bei uns. Ich erzählte ihr Geschichten vom Vöglein, und als wir fuhren, lief sie hinter dem Bahnhofszaun mit, winkte, winkte, bis das kleine Händchen nicht mehr zu sehen war.

Mir kam das Gedicht vom Falter in den Sinn:

«Wie Dein Herz erschrocken klopfte,
Mit wie zärtlicher Gebärde
Du Dich vor ihm niederknietest,
Vor dem bunten Fleck der Erde,
Staunend nach dem Namen rietest
Und verstummtest im Befangen ...»

Achim von Akerman

Im Waldhaus eingetroffen, waren wir eine kleine Zeit mit den Hausbesitzern zusammen. Meine Freundin kam öfters in mein Zimmer, sodass der Vogel sich etwas an sie gewöhnte. Ein einziges Mal wurde sie Zeuge von einem «Musikfest».

Ich hatte eine Bachkantate im Radio angestellt, und sie erlebte mit, wie mein Vogel auf der Bettkante saß und vom ersten bis letzten Ton mit tiefernsten Augen mitflötete, als gehörte er zum Orchester, als wäre er verpflichtet mitzuspielen. Die Kantate dauerte 25 Minuten, viel zu lange für einen Vogel, der alle zehn Minuten essen muss. Man sah ihm zum Schluss die Anstrengung an. Völlig erschöpft, ermattet, platschte er mit beiden Flügeln aufs Futterbrett, als der letzte Ton zu Ende war, und begann langsam, sich zu stärken.

Aber das Konzert hatte er durchgehalten.

Mehrmals musste ich im Februar und März meinen Arbeitsplatz wechseln – den Kleinen immer mit mir schleppend wie eine Zigeunermutter. Doch mit jeder Fahrt wuchs unsere Reise-Routine. Jedes Mal zwar stand ich Ängste aus, ob ich meinen Gewitzten zur Zeit in den Käfig locken könnte, aber es klappte immer.

Wir waren nun für einige Wochen in meiner eigenen Wohnung in Buchen, meinem Olymp, aus dessen Fenster man nur Himmel und ferne Waldsäume sah. Oftmals saß der Vogel fasziniert auf einer Fenstersprosse, wenn draußen rote Wolken und dramatisches Geschehen am Abendhimmel aufzogen. Schweigend und in gespannt-schlanker Haltung nahm er an dem Schauspiel teil, das ihn wohl – mehr als den Menschen – in kosmische Vorgänge einbezog. Waren die Farben verglüht, kehrte er ins Zimmer zurück, in dem wir gemeinsam ein behagliches Leben führten.

Den ganzen Tag über spielten wir uns aufeinander ein. Neben dem warmen Ofen stand die Nähmaschine, auf deren Querstange mein Sänger seinen Lieblingsplatz eingerichtet hatte. Von dort aus begleitete er das Summen des Tauchsieders, der im Buchener kalkhaltigen Wasser besonders rumort, mit seinen Liedern oder er beteiligte sich, ich hatte inzwischen gelernt, bis in seine Höhen hinaufzupfeifen – wenn ich anstimmte – «Reich mir die Hand, mein Leben». Das muss ja ganz schön im Duett von uns geklungen haben – es hat uns nur niemand gehört.

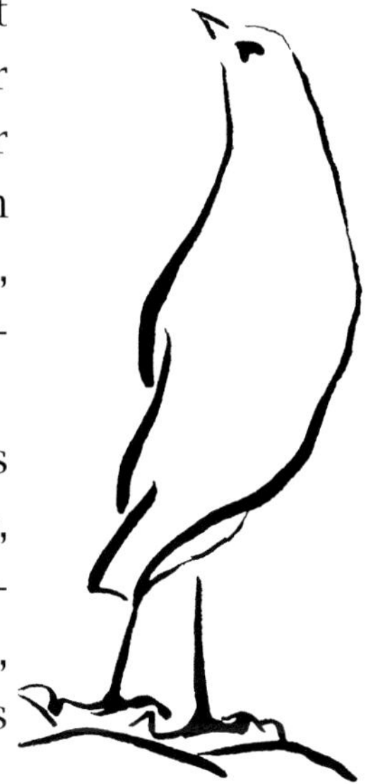

Wenn der Vogel allein seine Weise sang, versuchte ich, mir das Notenbild seiner Töne zu machen. Das war für mich sehr schwer, da ich hierfür keinerlei Schulung besaß. Ich versuchte, seine Hauptmelodie nachzusingen, aber auch das hatte seine Schwierigkeiten, weil die menschliche Stimme ein ganz anderes Instrument ist als die des Vogels.

Nach vielem Hinhören konnte ich seine Strophe mit einem Lied vergleichen; er sang damals oft, ohne den Anfangston und mit etwas anderem Takt: «Ich liebe dich, so wie du mich» von Beethoven (Vielleicht wurde Beethoven durch ein Rotkehlchen zu diesem Lied inspiriert. In seiner Pastorale hören wir die Goldammerstrophe). Oder vielmehr, es war der Anhauch der Melodie, mit deren Hilfe ich mir das Vogellied merken konnte.

Wie wurde mein Buchener Gehäuse mit Freuden erfüllt! Wir hatten unser Leben ganz ineinander verflochten. Immer neu entstanden köstliche Höhepunkte und ich genoss die Tage in ihrem ungestörten Atemzug.

Ich musste schön höflich bitten, wenn ich an meine Nähmaschine wollte. Dann tauschte «er» seinen Querstangensitz mit dem hohen Pfosten des Bücherregals, wo er frei lossingen konnte, sein krankes Bein immer wie zum Dirigieren erhoben.

Jeder kannte des andern Gewohnheiten und richtete sich nach ihnen. Für mich fielen dabei Sonderfreuden ab, herzerwärmende Momente der Beobachtung, der Erfahrungen, des stillen Folgerns. Und wenn ich mir den kleinen Sänger ansah, ob auch er zufrieden sei, sagte mir sein ganzes Gehabe: es geht ihm gut. Nur sein verletztes Bein musste er schonen.

Sein Schlaf

Nachdem ich immer nur über die Stunden unseres Wachseins berichtete, ist eine Sonderchronik «Rotkehlchen-Schlaf» einzufügen, der mich nun schon vier Monate lang manche Nerven kostete. Schwierigkeiten entstanden nur dadurch, dass wir unsere Schlafzeiten nicht auf die gleichen Stunden legen konnten. Wenn er schlief, begann für mich der andere Teil des Daseins. Ich muss, um ein Bild dieser unserer zweiten Existenz, unserer andern Welt zu geben, zurückgehen bis zum Tage, an dem ich den Vogel fand. In der ersten Nacht schlief er in die kalte Steinecke des Fenstersimses gedrückt. In der zweiten schwankte er auf einer Zimmerbegonie - fiel manchmal herunter, weil er sicher noch Fieber hatte nach seinem Unfall.

Ich vermied es an den ersten Abenden, Licht im Zimmer anzuknipsen, um dem kranken Vogel seine Ruhe zu lassen. Zum Schlafengehen kam ich mit einem Kerzchen herein. Aber später musste ich ja wieder arbeiten, und das ergab Probleme.

Sowie ich auch nur eine 15-Watt-Birne anmachte, flog der Vogel auf; mit tötender Unruhe strich er unablässig durch das Zimmer.

Ich verdunkelte den Lampenschirm. Das wollte wenig nützen.

Ich hängte lange schwarze Tücher über die ganze Lampe, dass auch der untere Lichtkegel verdeckt war, und setzte mich mit meiner Arbeit so, dass Kopf und Hände unter den dunklen Tüchern steckten.

Da gab's Ruhe! Der Vogel schlief.

Wie wenn ein Kind im Zimmer eingeschlafen ist und man es nicht nur an der Stille und am gleichmäßigen Atem spürt, sondern an dem, was in der Atmosphäre eintritt, so entstand auch jetzt für mich das seltsame Gefühl des anderen Bereichs.

«Er» schlief im Pelzkragen meines Mantels, der an der Tür hing. Wollte ich zur Tür heraus, flatterte er beim leisesten Bewegen wieder hoch.

Meine Gewohnheit, nachts vor dem Schlafengehen noch im Hause umherzulaufen und nach dem Rechten zu schauen, musste ich aufgeben.

Morgens beim ersten Dämmern war er wieder mobil.

Ich hätte mich umstellen sollen: früh schlafen gehen, um mit dem Vogel aufzustehen. Das leider hat er mir nicht beibringen können.

Aber jetzt hatten wir erst Adventszeit. Bis sieben war's dunkel und wir schliefen.

Nach ostpreußischer Sitte holte ich ein Adventsbäumchen aus dem Walde, anstatt den hier üblichen Kranz zu binden.

Ich grub ein vielleicht 70 Zentimeter hohes Tannenbäumchen mit Wurzeln aus und dachte, es könnte auch gleich Weihnachtsbaum werden, pflanzte es in einen Kübel und kam damit – es war schon Abenddämmerung – ins Zimmer.

Der Vogel war wie elektrisiert, in höchstem Maße gespannt.

Ich setzte den Baum auf meinen Nachttisch und im nächsten Moment, als hätte ich selbstverständlich den Baum für ihn gebracht, flog er herein, steckte den Kopf unter den Flügel und schlief.

Er ist nicht hin- und zurückgeflogen und hat probiert oder gewählt: er flog einfach herein und schlief!

Alle Laubäste, die ich ihm früher in die Stube stellte, waren von ihm unberührt geblieben. Nun erst merkte ich und fand es in Büchern bestätigt, dass Rotkehlchen Tannen lieben. In Tannenhecken nisten sie, am liebsten, wenn sie mit wilden Rosen durcheinanderwachsen. Von den höchsten Tannenspitzen erklingt ihr Lied das ganze Frühjahr hindurch bis Ende Juni und im Herbst. In Tannenbeständen schlafen sie gern.

Nun endlich hatte mein kleiner Gefangener seinen Schlafbaum!

Es ist nicht gerade rühmlich für mich, die ich auf dem Lande aufwuchs, dieses alles nicht zu wissen, aber uns Kinder in Ostpreußen interessierte mehr der Storch auf dem Scheunendach, den wir vom Schulfenster aus sehen konnten. Wenn er im Frühjahr erschien, durften wir auf den Hof laufen, um ihn zu betrachten. Wir wussten genau, wie er mit seiner Familie lebte, und beobachteten ihn, wie er aus dem Morast Frösche zog. Die jungen Stare, die in die Regentonne gefallen waren, regten uns auf und die Spatzennester, die aus der Dachrinne geräumt wurden. Wir sahen die Kraniche ziehen und lernten Fink, Zeisig und Grasmücke im Ruf unterscheiden, hörten auf Singdrossel und Nachtigall.

Ums Rotkehlchen im Garten kümmerten wir uns nicht. So musste ich im Odenwald gerade diesen Vogel fast neu kennenlernen und zu seiner Pflege das Nötige studieren. Wie froh war ich, dass der ruhige Schlafplatz im Tannenbaum gefunden wurde! Auf Kerzen musste mein Christbäumchen natürlich verzichten. Was tat's? Hatte ich doch einen lebendigen wilden Waldvogel darin wohnen, der zu einem immer größeren Geschenk des Lebens wurde.

Aber auch die kleinen Vorteile des Schlafbaums nahm ich dankbar wahr. Ich konnte abends durch meine Zimmertür gehen. Ist nur eine Tür im Gemach vorhanden, lernt man deren Befreiung erst schätzen, wenn man wie ich wochenlang der Gefangene eines kleinen Schläfers war. Dass ich trotz des friedlichen Schlafplatzes kein helles Licht machen durfte, ist verständlich. Meine Verdunklungsstellage war ja da und ich hatte mich daran gewöhnt, unter dunklen Tüchern zu nähen.

Als wir eines Abends nach einer Reise wieder zum Wolfsbrunn kamen und ich den Käfig öffnete, flog der Vogel ohne Besinnen in seinen Baum, genau auf den Zweig, auf dem er immer geschlafen hatte. Es schien, als ob wir allmählich in Übung kämen mit unserm gemeinsamen Leben. Es ging alles ganz schön - so glaubte man eine kleine Zeit, bis ich einsehen musste, wie wenig ich in unserer vita nuova vorbedenken konnte. Der Tannenbaum hatte immer in feuchter Erde gestanden, doch musste ihn das Umsetzen geschwächt haben, sodass der Schlafzweig seine Nadeln verlor. Ich merkte, dass der Vogel kaum mehr sitzen konnte auf dem sehr dünnen, nadelleeren Ast. Ich nahm ein Stückchen voll benadelten Zweiges und band es an die leere Stelle.

Der Vogel sah zu.

Wie durfte ich an seinen heiligen Platz fassen! Nie wieder hat er den entweihten berührt!

Ich holte einen neuen, frischen Tannenbaum. Aber das war nicht der altgewohnte, und mein Prinz entschloss sich, wieder in meinem Pelzkragen zu nächtigen.

Da wir bald wieder wegfuhren, habe ich diese Angelegenheit nicht wichtig genommen. In Buchen wurde sie dramatischer.

Die dorthin mitgenommene Tanne lehnte der Vogel ab und wählte sich seinen Schlafplatz auf der Papphülle eines großen Buches im Gestell. Dort schlief er friedlich, während ich verdunkelt arbeitete, fast drei Wochen lang.

Es war eine entzückende Zeit. Tagsüber sangen wir, nähten

Maschine, kochten Tee, ich zeichnete und fotografierte ihn, seine Lieder wurden immer vollkommener, und von draußen schaute ein unendlich weiter Frühlingshimmel herein.

Eines Tages musste ich etwas in dem Schlafplatzbuch nachschauen. Ich war vorsichtig. Die breite Papphülle, die sozusagen als Vogelbett diente, ließ ich unberührt, fasste nur sachte das drinsteckende Buch an. Ich sah dabei den Vogel an und redete ihm gut zu, dass ich seinem Plätzchen nichts tue.

Als das Buch dann wirklich herauskam – vielleicht bewegte sich die Hülle etwas dabei – und als ich es nach schneller Erledigung wieder zurücksteckte, trafen mich unbeschreiblich verachtende Blicke des Vogels, der mich genau beobachtete, Blicke voll tiefer Trauer, als ob das unausweichliche Schicksal nun nicht mehr aufzuhalten wäre.

Mit dem schmerzlichen Ausdruck eines Erziehers, der sieht, wie sein Zögling selbst die Strafe auf sich lädt, blitzten mich seine großen schwarzen Augen an. Es war zufällig bald wieder Schlafenszeit. Er flog in das nächst untere Bücherfach, das er bisher nicht betrat. Dort ragte ein sehr dünnes Buch einzeln in die Höhe. Auf diesem unbequemsten aller Buchrücken setzte sich der anscheinend furchtbar gekränkte Vogel, drehte mir sein Rückteil zu und warf mir über dies hinweg seinen vernichtendsten Blick zu: «Das hast du nun davon, dass ich so miserabel schlafen muss!»

Und nie mehr ist er auf seine liebe, bequeme Papphülle zurückgekehrt!

Wenn auch unser Schlafkapitel zu Ende ist, will ich, um nicht den Eindruck zu erwecken, wir hätten böse und durchgrollte Zeiten miteinander gehabt, ein Stückchen «Nachmittagsschlaf» anfügen.

Wir waren Anfang April wieder im Wolfsbrunn und nahmen beide die dortigen Gewohnheiten auf – in den Frühling übersetzt. Die Wonne, zu singen, wuchs. Und wenn wir sangen, waren wir uns immer einig. Dann waren alle Pietätsverletzungen vergessen. Wie in Buchen unter der Nähmaschine saß mein Sänger hier unter dem Schreibtisch auf dessen Mittelstrebe. Aus dieser sicheren Position heraus schwatzte er mit mir. Legte ich mich aber mittags aufs Ohr, steckte auch er den Kopf unter den Flügel und schlief. Ich konnte es von meinem Lager aus beobachten, ohne mich zu rühren. Ich blinzelte nur ein bisschen zwischen den Wimpern.

War ich aber nach einer halben Stunde ausgeruht und öffnete die Augen, sah ich, wie mein Kleiner – und das geschah jeden Nachmittag gleichermaßen – im selben Moment auch wach den Kopf hochnahm, mich lustig anschaute und ein paar komische Schiebse von sich gab, als wollte er mich fragen: Na, können wir singen? Und wenn ich einwilligte, fing das Konzert an, dann wurden «alle Register gezogen».

Frühling

Alle Vögel tobten vor unserm Fenster. Das Vogelhotel draußen wurde zur Kampfarena. Kohlmeisen, Blau- und Schwarzmeisen, Finken, Goldammern – sie gingen nicht gerade sanft miteinander um. Manchmal kam ein Rotkehlchen in hochstrahlender Frühlingspositur, schaukelte sich auf dem Vogelhaus und sah herausfordernd durchs Fenster. Der meine war außer sich, drehte sich zwanzigmal um sich selbst und sang den Frechen draußen nicht an, er schrie förmlich auf ihn ein. Und diesem war es nicht ganz geheuer. Er kam nicht oft.

Ein anderer erschien: Was in allen Jahren vorher und nachher nicht geschah: der große Bussard setzte sich auf das dicht vor den Fensterscheiben hängende Vogelhaus und sah zu uns herein.

In blindem Entsetzen fiel mein Vogel hinter das Bett. Ich kann nicht sagen, dass er flog. Im Moment, als der schwarze Schatten am Fenster aufkam, taumelte er wie vom Satan gejagt – schien zu fallen –, aber instinktiv hatte er sich in dieser Schrecksekunde an den verborgensten Platz gerettet, wohin kein Licht drang. Ich scheuchte den Raubvogel, aber wie gelähmt blieb mein Rotkehlchen mit zitternd gebreiteten Flügeln am Boden sitzen. Langsam erst erholte es sich.

Es hatte den sicheren Tod über sich gesehen. Wahrscheinlich löst nichts in ihm solche Todespanik aus wie das Bild seines Erzfeindes.

Wie gelassen war es dagegen in Buchen gewesen, wenn die Flugzeuge dicht das Dach überknatterten und ihre Schatten über uns fielen!

Nun, auch der Vogelschreck wurde bald vergessen. Es war ja Frühling. Mit jedem Morgen wurde es herrlicher. Jubel und Geschäftigkeit der Vögel draußen nahmen zu, und auch mein Gefangener geriet in einen neuen Zustand. Er fing an, unruhig zu werden. Wir beide konnten das Zimmer nicht mehr ertragen.

Die Außenwärme brachte die Wände zum Schwitzen. Es wurde immer feuchter und kühler bei uns, je strahlender draußen die Sonne schien. Dumm von mir, dass ich aufgehört hatte zu heizen.

Mein Vogel wusste es besser. Er setzte sich vor den kalten Ofen und sang ihn an, bis ich es kapierte und Feuer machte, was ihn, den Erfinderischen, sichtlich erfreute.

Es ließ sich aber der Zimmerzustand mit Heizen allein nicht retten. Die Frühlingszeit war in meinen Wildvogel eingezogen und forderte ihr Recht. Ich fühlte, dass er aus der Stube heraus müsste, aber wie konnte man das anstellen?

Unser Fenster ließ sich oben durch ein Querstück separat öffnen. Da heraus musste ein Balkon gebaut werden. Ich holte per Rad aus Amorbach kleinmaschigen Draht und machte daraus, mit Drahtfäden vernäht, einen Kasten, der mit der offenen Seite genau in den Fensterrahmen hineingepasst und außen an einen Mauerhaken gehängt wurde. Es war eine Sache, den meterlangen Drahtbalkon in das Fenster gerade richtig hereinzupraktizieren! Wenn mir nicht hilfreiche Hände beigestanden hätten, wäre mir die Prozedur wohl nicht gelungen. Denn drinnen saß ja einer, der genau spitzte, ob er nicht durch einen Ritz entschlüpfen könnte. Zu zweit hielten wir ihn durch Jux und Spaß – draußen auf sonniger Leiter, drinnen auf kühlen Stühlen schwebend, von Fluchtversuchen ab.

Komisch und imposant ragte alsbald das Frühlings-Luft-Gehäuse aus meinem Fenster.

Wir gingen still beiseite, um zu sehen, ob der arme Zimmerhocker das Spiel verstand. Lange passierte nichts.

Wir nahmen uns draußen eine Arbeit vor. Nach wohl einer Stunde – ich hatte gar nicht mehr an ihn gedacht – sehe ich hoch: Da sitzt mein Obervogel, still und vergnügt in seinem hängenden Garten und überblickt sein Reich.

Die nun folgende Balkon-Episode kann man als einen Abschnitt in seinem Leben bezeichnen, denn von nun ab redete er nicht allein mit mir, sondern er hatte die ganze Vogelwelt um sich herum und begann, sich mit ihr auseinanderzusetzen. Er war hier in einem neuen Revier. Seine vermutliche Heimat, wo ich ihn fand, lag mehr als einen Kilometer entfernt. Vorerst saß er Stunden und Stunden und beobachtete. Ins Zimmer ging er nur, um den Hunger zu stillen.

Draußen war die Welt sehr interessant. Meisen, Finken, Amseln flitzten um ihn herum, setzten sich auf sein Drahtgehäuse. Vor der großen Amsel retirierte er ins Zimmer, auch wenn jemand von uns am Hause vorbeiging, fürchtete er sich und verschwand.

In der Stube kannte er mich und ließ mich ruhig gewähren. Draußen sah er mich in anderen Proportionen und floh jedes Mal, wenn ich näher kam. Wenn ich ganz fern stehen blieb und ihn lockte und pfiff, antwortete er.

Aber das Hauptinteresse galt den Vögeln. In die lauten Kaskadenlieder des Zaunkönigs stimmte er ein, unterhielt sich mit den Meisen und antwortete der Amsel. Aufregend wurde es, als in kürzester Zeit Rotkehlchen erschienen. Das eine oder andere stürzte sich auf ihn zu, konnte nicht durch den Draht und zwirbelte außen herum. Wollten Rivalen oder Partnerinnen zu ihm herein? Waren die heftigen Begegnungen am Draht Kämpfe oder Liebesspiele? – –

Vom ersten Morgengrauen an saß der Vogel auf der Lauer und schaltete sich in die Gesänge aller anderen ein. Mit jedem Tage begann er heftiger und lauter zu singen. Wollte er sein Drahtschloss verteidigen, oder wollte er seine Gefährtin herbeisingen? Für ihn steigerten sich die Ereignisse, mir aber brachte der Ausbau eine unerwartete Erholung. Ich wurde nicht mehr früh um drei oder vier Uhr geweckt durch Frühsport und Gesang. «Er» war draußen vor dem Fenster, und ich schlief ruhig weiter.

Der Mai näherte sich seinem Ende. Ich hatte viel Arbeit und zum Beobachten und Nachdenken blieb mir wenig Zeit. Alle Versuche, meinem Kleinen eine Frau zu kaufen, waren gescheitert; es sei verboten, wilde Singvögel zu fangen, wurde mir gesagt. Wegen meines einsamen Sängers machte mich dies vortreffliche Gesetz ganz ratlos. Es schnürte mir fast das Herz ab, wenn ich ihn draußen immer lauter singen – beinahe schreien hörte.

Ich spielte mit dem Gedanken, ihn freizulassen. Durch den Drahtverhau war er ja nun seit Wochen in die Vogelwelt der Hausgegend einbezogen. Er war mit allen bekannt geworden. Sie hatten sich an ihn gewöhnt. Mit kräftiger Stimme behauptete er seinen Platz. Dass er mitten unter den Kampflustigen lebte und ihm niemand durch den Draht etwas tun konnte, mag ihm eine gewisse Unantastbarkeit im Gefühl den andern gegenüber verschafft haben.

In meinen Überlegungen aber spukte der Bussard. Durfte ich den unerfahrenen Stubenvogel dem Räuber aussetzen? Katzen strichen wild herum, Taubenstößer, Elstern, Marder wohnten nicht weit.

Ich kämpfte um eine Entscheidung in mir. Da entschied der Vogel selbst:

Ich sah, wie er nicht auf seinem gesunden Bein, wie gewohnt, nicht etwa auf beiden Beinen – – sondern – – kaum zu glauben – – auf seinem vor sechs Monaten gebrochenen Bein stand!!!

Ganz allein auf dieser einzigen Säule, seinem bisher kranken, nie benutzten Bein. – – –

Dieser Augenblick ließ alle Gefängnismauern und alle Zweifel in mir zusammenstürzen. Wenn es wirklich zu seinem Besten ist, will ich das Fenster öffnen. Ich habe nicht einen Moment gedacht, ob es mir schwer würde, meinen Gefährten herzugeben, und wusste selbst nicht, wie sehr schwer es mir werden sollte.

Ich wollte nichts überstürzen.

Am nächsten Morgen im Sonnenlicht, wenn ich noch einmal gut überlegt hätte, sollte ein Stückchen Gitter aufgemacht werden. Niemand im Hause sollte es wissen. Und als ob unsere heimliche Abmachung bestätigt würde, stellte sich der Vogel noch mehrmals auf sein neu gesundetes Bein.

Als dann ein herrlicher Tag über die tauige Höhe stieg, begann der Vogel die Flüge, die ich seit einer Woche bei ihm beobachtete.

Es war nicht der gewohnte, fröhliche Frühsport, sondern ein leises, nervenzermürbendes, ganz gleichmäßiges Fliegen vom Balkon ins Zimmer, rund um die Decke und zurück, lautlos, als wenn die Überspanntheit keinen Laut mehr erträgt. Bei Tagesanbruch hatte er auf seinem Ausguck gesessen und herzzerreißend geschrien, denn singen konnte man die schrillen Töne nicht mehr nennen.

Als er nun wie eine Fledermaus um die Decke strich, machte ich ein Stückchen Gitter los, wandte aber die Augen nicht von ihm, weil ich miterleben wollte, wie er seine Stätte verlässt.

Er tat so, als sähe er das Tor zur Freiheit nicht.

Wie oft hatte ich ihm verwehrt, durchs Fenster hinauszufliegen.

Er wusste genau, was er nicht durfte.

Jetzt sollte ich wollen, dass er tut, was ich ihm verbot?

Er setzte seine streichenden Flüge fort.

Meine Augen verfolgten ihn. Wohl zehn Minuten lang.

Unter meinen Blicken wagte er nicht zu entschlüpfen.

Dann wandte ich sie für einen Moment ab.

Da war das Zimmer still.

Der Vogel fort.

Die erste Reaktion bei mir war natürlich, dass ich, schlicht gesagt, anfing zu heulen.

Still das Zimmer. Niemand wird dich mehr fragen: «Na, können wir singen?» Niemand wird mehr mit dir plätschern, wenn du dich morgens wäschst. Niemand wird die stillen Blicke auf dir ruhen lassen: Wie des Freundes Auge mild – über mein Geschick – – –»

Draußen war nichts von dem Enteilten zu sehen.

Ich machte mir einen starken Tee.

Wahrscheinlich war der Flüchtige direkt weiter ins sonnenwarme Tal geflogen. Ich ging immer wieder auf die Terrasse, um Ausschau zu halten.

Und wie ich dort, noch etwas mit nassen Augen, stehe und sinne, ertönt unten vom wärmsten Wiesenhange ein Gesang, wie ich ihn nie vorher und nachher vernahm. Aus dem Elysium kann kein Lied glückseliger klingen. Unverkennbar waren es Strophen von meinem Rotbrüstigen, aber so in überirdische Freude verklärt, dass ich hinhorchen musste, ob ich mich nicht täusche: Er war's! Dort im Sonnenbusch durchjubelte er seine erste Freiheit. Neue Rhythmen fand er, neue Töne. Und wenn ich mein Leben durchschweifen würde nach solchen Klängen, ich würde sie nicht wieder finden, denn sie waren aus diesem einen Morgen strahlendster Überschwänglichkeit geboren.

Die Geschichte geht weiter,

obwohl man vermuten möchte, sie hätte mit dem Lied aus der Freiheit ihren Abschluss gefunden.

Dreiviertel Jahr lang hatten wir zusammen gelebt. Ich hatte viel durch ihn gelernt, und er war gesund geworden durch sein eigenes Verhalten. Nun schwamm er im ersten Losgelassensein nach so langer Zeit, in der er möglicherweise verlernte, sich vor seinen Feinden zu schützen. Außer den Raubvögeln war eine ganze Schar von gleich großen Vögeln da, die ihn ohne Frage als Eindringling in ihr Revier betrachteten, die ihn wahrscheinlich mit allen heftigsten Vogelmanieren herausschlagen würden. Wo sollte er bleiben? Wenn er weiter zog, ginge es ihm im angrenzenden Revier genauso.

Mir blieb nicht viel Zeit zu solchem Wenn und Aber. Zunächst musste mein Zimmer gründlich gesäubert werden, denn so ein Vöglein hält sich nicht an bestimmte Plätze. Und wenn ich zu Anfang sagte, im Zusammensein mit ihm hätten sich meine Sinne verfeinert –: Gerüche hatte ich nicht wahrnehmen dürfen.

Es wurde ein wehmütiges Werk, die Spuren meines kleinen Sängers zu tilgen. Gleichzeitig stellte ich Futter vor das Fenster.

Die andern Vögel kamen und fraßen es auf.

Wieder machte ich die Näpfe voll. Und so ging es wochenlang weiter. Ich gab die Hoffnung nicht auf, dass der Vogel lebt.

Einmal, beim Pilzesuchen, glaubte ich deutlich, seine Antwort auf mein Pfeifen gehört zu haben. Doch mir fehlten Beweise. Viele Wochen hindurch plagten mich leere Vermutungen. Ich las, dass freigelassene Rotkehlchen zuweilen im Herbst ihr Winterquartier im Zimmer wieder aufsuchen. Ich streute eifrig Futter und hielt das Fenster offen, auch wenn empfindliche Kühle von draußen hereinschlug.

Es war inzwischen September geworden. Die Meisen balgten sich um das Futter, wohnten schon halb in der Stube, so verlockend hatte ich den Eingang gemacht.

Eines Morgens – mein Herz setzte aus – erscheint vor allen andern ein Rotkehlchen draußen am Futterbrett. Es fraß, guckte ins Zimmer, wie die andern Vögel auch und tschub, war es wieder weg.

Kam mein Vogel wieder? Ach, es waren ja auch früher Rotkehlchen ums Haus gewesen.

Aber bald kam es zu jeder Futterzeit. Ich suchte die besten Leckerbissen herbei, und zwischen blauen Lobelien erschien die kleine rote Brust, oft – sehr oft am Tage und bald ganz ungeniert.

Ist er's, ist er's nicht – ?

Da tat der Vogel von sich aus das einzig Richtige: er stellte sich gemütlich, wie früher, auf sein gesundes Bein und zog das einstmals verletzte hoch.

Jetzt war es klar!!

Am liebsten hätte ich es mit tausend Posaunen verkündet: Der Meine ist wieder da! er lebt!

Aber wer wollte es hören? So fing ich ganz still für mich das Leben mit dem Zurückgekehrten an. Ich pfiff im Zimmer oder stellte das Radio an. Er setzte sich auf die große Tanne vor dem Fenster, auf den nächstliegenden Zweig und antwortete.

Ich hatte einen Freund, der frei, aus eigenem Willen und Entschluss zu mir kam. Es war kein Kranker, kein Gefangener mehr –

es war ein völlig freier Vogel, dem mein Essen schmeckte und der in meiner Nähe sitzen blieb und mit mir redete.

«Ich staune zutiefst, dass es möglich war, mit einem frei lebenden Vogel in so vertrauten Verkehr zu treten, und ich empfinde diese Tatsache als etwas seltsam Beglückendes, so als sei durch sie ein kleiner Teil der Vertreibung aus dem Paradiese rückgängig gemacht worden.»

Diese Worte von Konrad Lorenz sind das Schönste und Erschöpfendste, was über die nächsten Jahre unserer Freundschaft, der Rotkehlchen-Menschen-Freundschaft, gesagt werden kann, und zur Bekräftigung war uns im Wolfsbrunn ein Stückchen Paradies vom Schicksal zuerkannt:

Noch halb im Traum mache ich früh die Haustür auf. Die Septembersonne schickt ihr erstes Licht schräg über den Berghang. Die Tannen zeichnen lange Streifen durch den hellen Dunst. Jeder Tropfen im Grase blitzt und das Goldmeer der Birnenblätter stiebt zu mir herein. Mein Rotbrüstiger sitzt unter der Wirrnis der Waldrebe wie in einer Laube, knickst mit einem «Tschieb» und setzt ganz ungestört den Weg zu seinem Futterfenster fort.

Es gab keinen Morgen, an dem ich nicht von ihm erwartet wurde. Nicht immer am gleichen Platz, weil er ja zu tun hatte, aber wenn ich am Haus entlang ging, begrüßte mich mit Sicherheit ein kleines Tick-Tick. Ich antwortete zaghaft, und schon war ich in ein langes Duett verknüpft. – Wenn ich später herunter zur Wiese ging, saß er hinter dem Pfortenbusch und redete mich an.

Allmählich stellte ich fest, dass er mich kontrollierte, wohin ich meinen Weg nahm. Unsichtbar, hinter Büschen versteckt, begleitete er mich in ziemlich großer Entfernung vom Haus, denn unverhofft klang da und dort dicht bei mir seine Aufforderung. Aber er war so geschickt im Anpirschen, dass ich nie bemerkte, welche Richtung er einschlug. Selten bekam ich ihn zu Gesicht.

Im Oktober gruben wir den Garten. Lockere Erde ist für alle Erdläufer eine Wonne und oft folgen Rotkehlchen dem Spaten. Das tat mein Vorsichtiger nicht. Auch in der engen Stube hatte er ja Distance gewahrt. Hier betrachtete er uns auf einem Himbeer- oder Weidenzweig sitzend etwas von weitem und forderte uns unentwegt zu Rede und Gegenrede heraus.

In der kühler werdenden Jahreszeit begann die Sorge: Wie wird er den Winter überstehen? Wird er zu mir ins Zimmer zurückkehren?

Ich ließ abends lange mein Fenster auf. Er kam zum Futter vor dem Fenster, aber herein wollte er nicht. – Hatte er vor, nach Spanien zu fliegen, allein in der Nacht, wie ich es im Brehm las?

Ihn, den Winter-Ungewohnten, hier in Schnee und starkem Frost zu denken, war noch schlimmer. Ich versuchte, dauernd Futter draußen zu halten. Fast unmöglich, denn sobald es kühler wird im Herbst, stürzen sich die Mäuse der umliegenden Felder auf das wärmere Haus und suchen ihre gewohnten Winterquartiere im Fundament, in Kellern und Kammern auf. Sie kletterten an der Hauswand hoch bis zum Futterbrett, und ehe die Vögel kamen, hatten Mäuse und Siebenschläfer reinen Tisch gemacht. Ich hatte auf halber Höhe vor den Fensterscheiben ja immer das Vogelhotel hängen, doch je knapper es draußen wurde, desto rabiater lernte das Viehzeug springen. Nachts um zwölf hörte ich schon, wie sie den hängenden Käfig attackierten, der dann an das Fenster schlug. Ich sann auf Fallen, in denen die Mäuse lebendig blieben, in denen ich sie auf meinen Fahrten irgendwo im Walde freilassen konnte. Trotz aller Mühe gelang es mir nicht, die Mäuse auszusiedeln, und es war vonnöten, eine Futterstelle zu schaffen, die keine Maus erreichte. In den alten Fuß eines Gartenschirmes steckte ich eine hohe Eisenstange, die zu glatt für Mäuse war. Darauf passte der uralte Weckeinsatz. Auf die runde Scheibe band ich gekreuzt zwei Bretter, auf die ich Futter streute. Darüber schwebte ein Cellophandach. Das komische Gebäude stand auf der Erde und reichte bis in das Blickfeld meines Fensters. Alle Vögel kamen, sogar mein Vorsichtiger ertrug das Flattern des Cellophans, wenn es stürmte.

Ich war in jenem Winter immer nur kurzfristig weg. Bevor ich fuhr, steckte ich ein Paket Margarine, die mit Haferflocken durchgeknetet war, unter das Cellophan und streute Unkrautsamen dazu.

Wenn ich wiederkam, begrüßte mich die ganze Vogelschar: «Hei, was hast du uns denn mitgebracht?» Unter diese Lauten mischte sich mein Vogel nie. Er kam später, wenn die andern weg waren und sein Rot leuchtete unter dem Futterdach.

Der Winter war mild. Alle Rotkehlchen blieben da und schon Ende Februar begannen ihre Frühlingslieder. Der meine hatte die hohe Tanne vor meinem Fenster als Gesangsbaum erkoren, und des Jubels war kein Ende.

Er hatte aber noch etwas anderes erkoren. Die Tannenzweige, mit denen wir die Rosen abdeckten, schienen ihm die rechte Hecke für sein Nest zu sein. Immer sah ich ihn neben der Pforte auf einer Stelle einfliegen und, o Wunder, da hing ja auch das Gebilde aus Zweiglein und Moos.

Von Freuden ergriffen sah ich dennoch die unabwendbare Tragödie kommen. In zwei Wochen wollten alle Besitzer des Hauses hier sein. Es sollte die Taufe des Enkels gefeiert werden. Viele Gäste wurden erwartet. Das Haus wurde renoviert, der Garten sollte in Frühlingsglanz erstrahlen.

Und mitten in allem Getümmel die erste Brut meines Vogels? Ich ahnte Schlimmes.

Ehe alle kamen, sollte ich die dürren Tannenzweige von den Beeten räumen.

Ich fing zaghaft und langsam von hinten an. Mein Vogel spitzte: sofort hatte er raus, was geschehen sollte.

Er, der sonst so Scheue, setzte sich dicht neben mich und sang ein schrilles Notsignal, sowie ich einen Zweig aufhob. Ein Lied sang er, aber es ging einem durch Mark und Bein.

Ich redete ihm gut zu und sagte ihm, ich nähme ihm sein Nest nicht weg, aber die andern Zweige müssten fort. Buchstäblich hat er mit mir um jeden Zweig gekämpft.

Die Ecke um sein Nest ließ ich unberührt und schrieb der Hausherrin, deren empfindsames Herz ich kenne: Da baut der Vogel, ich brächte es nicht über mich, das Gestrüpp anzutasten.

Als sie kam, ging sie leise in den Garten, um nach dem Nestchen zu schauen. Kaum aber bückte sie sich dazu hin, war der Vogel schon hinter ihr und stieß einen solchen Warngesang aus, dass sie zurückschreckte und sagte: «Nie wieder gehe ich da in die Nähe»!

Leider ließ sich das nicht durchführen, denn gerade der Garten sollte der Hauptanziehungspunkt für die Gäste sein. Die Geschäftigkeit nahm zu. Wir alle rannten hin und her, und ich musste bald zugeben, dass das Nest verlassen sei. Traurig hörte ich zu, wie der Vogel unablässig auf der hohen Tanne sang. Was hatten wohl jetzt seine Lieder zu bedeuten?

Den ganzen Sommer hindurch fütterte ich ihn, damit er wusste, dass er hier zu Hause sei, und ich ließ mich von keiner Ermahnung, dass man das nicht täte, davon abbringen.

Ich musste mich in allem Verhalten ihm gegenüber zunächst von meinem *Gefühl* leiten lassen, da ich viel zu wenig Erfahrung oder Wissen um einen frei fliegenden Vogel hatte. Das ganze Jahr war ein Vortasten, ein Zusammenfügen von leisen, oftmals nur wie eine Ahnung erworbenen Beobachtungen.

Allmählich lieferte der Vogel selbst Beweise und Bestätigungen.

Er hielt sich oft in meiner Nähe, als wollte er gucken, was ich treibe. – Es gibt Menschen, die behaupten, Rotkehlchen wären neugierig. Ich möchte es anders ausdrücken: Sie sind einer ganz besonderen Teilnahme am Menschen fähig.

Hierauf beruhen vielleicht alle Legenden, die davon handeln, wie gutmütig Rotkehlchen sind. Sie sind nicht zärtlich und liefern keine Beweise menschennaher Freundschaft wie Hund und Dohle (Konrad Lorenz), aber *sie haben ein Organ*, eine Möglichkeit, *auf den Menschen*, dem sie sich zugeordnet fühlen, *zu achten*.

Einmal ging ich in einer schmerzlichen Stimmung hinunter in den Garten. Ich war sehr angegriffen von einer eben erhaltenen Nachricht. Kommt doch mein Vogel mir nach, ohne sich wie sonst zu verstecken, setzt sich dicht vor mir auf den Gartenzaun, seine Brust mir offen zugewandt, sitzt ganz still mich anschauend, als wollte er sagen: Du, ich bin ja da, ist alles nicht so schlimm!

Im Übrigen aber wollte er, wenn er mich suchte, mit mir singen, oder er wollte mich mit einem lang gezogenen *Ziii* herbeirufen. Das *Ziii* ist der Klageruf der Rotkehlchen und meines hatte bald heraus, dass ich angelaufen kam, wenn es ihn so markerschütternd ausstieß.

Wie oft holte es mich! Einmal war es köstlich. Ich renne hinter das Haus: Was ist denn los? Was ist dir denn passiert? Ich höre dicht neben ihm einen Eichelhäher krächzen, seinen Feind. Ich klatsche in die Hände. Der Eichelhäher fliegt weg.

«Meiner» bleibt sitzen und jubelt mir zu: «Das hast du aber gut gemacht!» Es war deutlich zu verstehen, dass er genau das zu mir sagte.

Wenn die freche Amsel das Futter auffraß, erscholl alsbald von meinem Aufpasser das *Ziii*, und ich kam angesaust und jagte. Wenn die Meisen kein Futter hatten (er wollte gar nicht essen), wurde ich von unten aus dem Garten gerufen, denn er fühlte sich verpflichtet, für Ordnung zu sorgen, und das Komische dabei war, er hatte offensichtlich Vorstellungen von Ordnung, die ihn gar nicht direkt anging. Er schien es sehr ernst zu nehmen: Wenn etwas durch Mäuse, Amseln, Eichhörnchen verändert worden

war, wurde ich gerufen. Ich hätte mit den Wegen für ihn voll beschäftigt sein können.

Vielleicht steigerten diese «Dienste», die ich ihm leisten musste, seine Lust mit mir zu singen. Er wusste meistens, wo ich zu finden war: Ich hacke in der Holzhalle, alsbald ertönt sein Lockruf neben mir: «Wir müssen singen.» Und schon sind wir dabei. Oder ich gehe auf den Speicher: sogleich hört er von außen, dass ich hochkomme, und singt mir zu. Ich antworte, muss aber auf die andere Seite des lang gestreckten Oberbodens gehen. Er fliegt außen mit, obwohl er mich unter dem Dach nicht sehen kann, aber er merkt genau, wo ich bin, und schwätzt mit mir an der Stelle, an der ich eben stehe. Dieses Spiel haben wir immer exerziert, wenn ich auf den Speicher gehen musste.

Die Jahreszeit schritt voran unter allem fröhlichen Schnack, den wir trieben. November 1959 ging zu Ende, und wenn es auch milde draußen war, die Sangesfreudigkeit schlief ein, und ich musste zum zweiten Mal sorgen, dass der frei lebende Vogel im Winter ausreichend Futter fand. – Dies Jahr wurde es schwierig.

Ich musste allein verreisen,

ohne nach dem Vogel sehen zu können oder ihn zu füttern.

Es fror während meines Aufenthaltes in Weimar nicht, sodass ich eigentlich hätte beruhigt sein können, wusste ich doch, dass in der Waldesgegend bei Regen und Tauwetter immer etwas für Vögel zu finden war. Aber mich plagten dauernd Skrupel: Werde ich auch alles klug genug eingerichtet haben? Werden die Fütterungsbeauftragten auch hingehen, wenn plötzlich Schnee fällt? – Wenn man sich die Schuhe voll schöpft und Glatteis auf dem Bergsteig ist? Ich war in meinen Gedanken immer wieder im Wolfsbrunn.

Glücklicherweise war mir eine Konstruktion von Futterampeln gelungen, die weder durch Mäuse noch durch Raubvögel oder Amseln gefährdet wurden. Jawohl, ich musste auch die Amseln fern halten, denn sie fraßen mit ungeheuerem Appetit alles gute Futter, das ich für die kleinen Vögel vorgesehen hatte. Und so schön auch ihre Lieder sind, sie hatten im Tal überhand genommen, hatten mit lautem Geschrei zur Brutzeit die Kleinvögel von ihren Nestern getrieben und die Eier gefressen. Sogar die Jungvögel sind nicht sicher vor ihnen.

Am liebsten hätte ich einen Sonderfutterplatz für mein Rotkehlchen eingerichtet, aber ich fand keine Lösung dafür. Als ich den Frankfurter Zoo um Rat bat, antwortete mir Prof. Grzimek, dass es nur eine Lösung gäbe: die Futterplätze in weiten Abständen ums Haus zu verteilen, sodass die einzelnen Vögel mit mehr Ruhe zu ihrem Recht kämen. Wenn man also einen kleinen Singvogel füttern will, muss man es einkalkulieren, dass die ganzen Scharen gleich großer Gäste mitspeisen.

Nur die größeren Vögel vermochte ich fernzuhalten. Ich umgab sämtliche Futterampeln mit großmaschigem Draht, durch den die kleinen Vögel schlüpfen konnten, Amseln, Spechte und Raubvögel aber nicht. Ebenso vor Katzen und Eichhörnchen waren meine Kleinen sicher. Um den Räubern das stille Sitzen und Lauern auf den Ampeln zu verleiden, hatte ich die scharfen Endstücke des Drahtgewebes nach oben gekehrt. Sie standen auf dem Dach der Ampel wie spitze Blitzableiter.

Eigentlich sah meine Fütterungsanlage sehr lustig aus und gab dem einsamen Haus den Anschein des Bewohntseins. Noch bevor ich meine Reise antrat, konnte ich in starkem Sturm ausprobieren, dass sich die Ampeln nicht überschlugen. Das lose, leichte Dach mit der darunter hängenden Schaukel: beides funktionierte tadellos.

Aber, wenn meine Helfer versagten und niemand Futter nachfüllte, waren alle erdachten Vogelhäuser umsonst!

Als ich am 12. Januar auf meiner Rückreise am Main entlangfuhr und die in wenigen Stunden entstandene Winterlandschaft unter frostdrohendem Himmel leuchtete, packte mich die Angst um mein kleines verlassenes Tier. Ich gab meinen Plan, unterwegs Station zu machen, auf und fuhr noch abends von Amorbach zum Wolfsbrunn hoch, wo ich spät auf der Landstraße dem Schneemeer ausgeliefert wurde. Weiß lagen die Wiesen, dahinter still das Haus. Mit einem kleinen Entschluss begab ich mich in den Schnee. Da, welch unerwartete Freude, mein lieber Vogelfütterer Erhard war wirklich zum Haus gestapft. Ganz treu. Wenn auch wieder verschneit, machte mir seine Spur einen festen Weg. Ich kam über die glitzernden Wiesen hoch. Von unten gesehen ragte das Haus in grandioser Winterschönheit, von zwei hohen Tannen flankiert, in den blauen Mondhimmel. Ich ging durch die Efeu-Säulen auf die Terrasse: Was wird mit meinen Vögeln sein in der bitteren Kälte?

Man sah Erhards Spuren, wie er zu jeder Vogelgondel hingegangen war – und unter den Gondeln einen Tanzplatz von Vogelfüßchen. Ich kontrollierte die Ampeln; da steckten nur noch kleine Futterreste in den Ecken. Die Vorratseimer standen gänzlich leer da. Es war also genau dringend die höchste Zeit, dass ich kam.

Ich nahm an, dass mein Rotkehlchen bei 12 Grad Kälte nicht mehr hier sein konnte, aber die andern sollten ja auch nicht hungern. Das liebe, dicke Steinhaus hatte innen noch gewisse Wärme gehalten. Das aufgehobene Wasser war noch nicht gefroren. Ich machte Feuer, füllte die Gondeln mit Unkrautsamen, Haferflocken und Margarine und schlief mit Ruhe ein.

Morgens gegen halb acht Uhr weckt mich ein kleiner Ton.

Na, denke ich, wer kommt nun frühstücken? Womöglich Goldammern, die im unteren Tal in Schwärmen hausen.

Das Fenster hatte eine undurchhauchbare Eisschicht. Ich gehe leise durch die Haustür; da schlüpft ein kleines Vögelchen vom Futterplatz weg und eine Meise fliegt auch auf. Sie sind in der Zwischenzeit scheuer geworden.

Ich heize und bemerke, dass mein Fenster doch einen kleinen Ausguck durch die Eisblumen bietet. Ich sehe, wie eine Meise in der Gondel frisst und mit Eifer allerhand herunter in den Schnee wirft, dieser ist von Vögeln schon so ein bisschen wie eine Tenne getreten. Zwei Meisen picken dort, was die obere aus der Gondel warf.

Da sehe ich, wie ein drittes Vöglein mir eben den Kopf zuwendet und ein leuchtend roter Fleck lebt plötzlich im Schnee – auf dem Schnee. Ich habe nichts mehr sehen können vor Freude. «Er» war trotz des Frostes hier geblieben, hatte in allen Unbilden ausgeharrt. Einträchtig aß er jetzt mit den Meisen zusammen. Sie schienen ihn nicht mehr fortzujagen.

Jetzt wurde es deutlich, dass seine Beheimatung im fremden Revier geglückt war. Nie vorher kam er so oft zum Futterplatz wie an diesem Tage. So wie die Meisen hatte auch er es raus, durch die Drahtmaschen der Ampeln zu schlüpfen und das Beste zu holen, oder er pickte von der Schneetenne unten das Herausgeworfene auf.

Sein fröhlicher Lockruf tick – tick – tick – tick – tick – tick – tick – tick – tick – tick – – – war allenthalben zu hören.

Noch abends, als alle andern Vögel fort waren, bemerkte ich ihn an der Futterstelle. Ich machte das Fenster groß auf und dachte, vielleicht hat er Lust, zu mir ins warme Zimmer zu kommen. (Damals wusste ich noch nicht, dass eine zu rasche Erwärmung des Vogels Lungenentzündung zur Folge haben kann.)

Draußen waren 14 Grad Kälte. Bei fast völliger Dunkelheit machte sich der Vogel am Fenstersims zu schaffen, doch er kam nicht herein.

Plötzlich erscholl – ich wagte nicht, meinen Ohren zu glauben – von außen hinter der Fensterlade ein süßes Lied.

Immer klarer wurden die Töne: Mein Vogel sang mir in eisiger Winternacht sein Freudenlied, dass ich wieder zurückkam – genau zu der Zeit, in der er mich am meisten brauchte. Dann wurde es still und er war fort.

Ich schloss das Fenster – im Gefühl, dass eben «ein kleiner Teil der Vertreibung aus dem Paradiese rückgängig gemacht worden» war.

Unser dritter Lenz ist auf dem Wege

Solange es noch fror, stellte ich jeden Morgen die warme Asche aus meinem Ofen an den Futterplatz, und meine klugen Gäste ließen es sich wohl sein auf ihr. Gutes Futter mit Fett und Haferflocken kam täglich neu in die Ampeln.

Doch schon Ende Februar wurde es Frühling. Die Vogelstimmen erwachten, und das Radiokonzert, das ich jeden Morgen anstellte, bewog nicht nur den meinen, dazwischenzusingen. Die ganze Lebenshaltung der geliebten Schar wurde leicht und ein bisschen übermütig, und so hatte man auch kein rechtes Verhältnis mehr zu der winterlichen Frost-Kost in den Gondeln. Wenn ich nach Amorbach fuhr, brachte ich, obwohl schon manchmal Insekten flogen, Biskuitkuchen mit, um dem kulinarischen Temperament meiner Frühlingskinder zu frönen. Ich hatte ja aus dem Brehm gelernt, dass Rotkehlchen gerne Kuchen essen, und alle andern fanden ihn gleichermaßen vorzüglich.

Es wurde so, dass sie allesamt wussten, wenn ich fortgefahren war, kam ich mit etwas Gutem wieder. Darauf lauerten sie schon, und der ganze Schwarm empfing mich. Diese Freuden wurden allmählich für mich zu kostspielig, und ich beschloss, selbst zu backen.

Das hatte seine Schwierigkeiten. Wohl konnte ich ostpreußische Hefekuchen backen, aber vor Biskuit hatte ich Angst. Dennoch wollte ich jetzt mein Heil versuchen – – für den Vogel.

Ich fand in der Küche das wohlweise, von mir nie angeschaute Kochbuch. «Feinste Sandtorte» stand dort angepriesen, und die schien mir für meinen Feinschmecker passend zu sein. Mit größtem Umstand ging ich ans Werk, wog die Ingredienzien ab wie ein Alchimist – – –. Immerhin stand spät nachts ein goldbraunes Etwas auf dem Tisch.

Morgens war ich sehr gespannt, wie meine Backkunst aufgenommen würde. In aller Frühe bröckelte ich die ersten Stückchen auf das gerichtete Futterbrett unter der Tanne.

Kaum war ich wieder im Zimmer und schaue heraus – – da kommt mein Vogel, wohl magisch angezogen vom frischen Kuchenduft, nimmt ein Tüpfchen, stutzt mit der drastischen Gebärde: «Donnerwetter, das schmeckt!», richtet sich hoch und fliegt fort. Nach wenigen Sekunden kommt er wieder, und zwar, was noch nie geschah: in Begleitung seiner Frau.

Diese setzt sich ihm gegenüber aufs Brett, und nun fängt er an, sie zu füttern. Ein Krümelchen nach dem andern stopft er ihr in den offenen Schnabel! Wirklich ein Schauspiel!

Doch bis ich den Photoapparat fertig machte, hatte mein Pärchen genug gespeist, flog davon, und die Meisen schluckten mit wildem Gezänk die Reste.

Zu viel Kuchen schadet den Vögeln natürlich. Ich habe ihn nur als Lockmittel benutzt, als Zeichen, dass ich wieder zurückkam von einer Fahrt. Sie sollten merken: Wenn sie Krümel entdeckten, war ich da, und wenn sie mich sahen, war irgendwo auch ein bisschen Süßigkeit zu finden; für meinen Sänger speziell das Signal, dass ein Duett beginnen könnte.

Allmählich antwortete er nicht nur mir, sondern mischte sich in alle Geräusche oder Stimmen, die er im Hause und in dessen Nähe hörte. Wenn wir Gäste hatten und uns unterhielten, saß er im anliegenden Busch und redete mit. Wenn der Hausherr sang, begleitete ihn der Vogel aus einem Versteck hinter dem Fensterladen. War ein Gespräch im Gange, erschien plötzlich die rote Brust in der Fensteröffnung. Erhard reparierte das Dach und erprobte dabei seine jugendliche Stimme. In gleicher Höhe strengte sich der Vogel auf der Tannenspitze an, seine Lautstärke mitzuhalten. Aber selten hatte er bei uns Gelegenheit, sich mit starken Geräuschen auseinanderzusetzen.

Ich begann, verschiedene Rotkehlchenstimmen zu vergleichen. Es gibt da Varianten. Sie bilden sich nach der Art der Geräusche oder Klänge, die der Vogel hört, in die er sich einschaltet.

Wohnt ein Rotkehlchen an einer Autostraße, wo es andauernd in Getöse hineingezogen wird, kann es nur noch scharfe Laute von sich geben. Der Lärm veranlasst den Vogel, sich fortwährend zu überschreien. Bei einem Spielplatz saß ein Rotkehlchen im Busch und versuchte, sich mit dem lauten Toben der Kinder zu messen.

An einsamer Landstraße passt so ein Vogel auf jedes Fahrzeug auf und lässt es sozusagen durch sein Ton-Tor passieren.

Wie viel weicher und klangvoller singen die Rotkehlchen, die mitten im Walde leben und nur Vögel hören und ferne Kirchenglocken. Man lauscht beeindruckt, wie ein Wildsänger das Abendgeläut begleitet, und vergleicht damit, was mein Kammersänger an Sonderklängen lernte. Wahrscheinlich haben ihn die Duette mit der menschlichen Stimme angeregt, sicher aber auch die vielen, sorgsam für ihn ausgewählten Konzerte, die das Radio bot. Und sicher hätte er sich noch viel schöner entwickelt, wenn er direkte Musik und nicht Radio gehört hätte!

Es ist hier die Klangfarbe, die Klang-Kultur der Stimme gemeint. Was mein Vogel mir aber dauernd bewies und vorlebte, war, dass er seine Stimme als Musikinstrument gleichermaßen wie als Sprachwerkzeug benutzte.

Einerseits reagierte er musikalisch auf Töne und Geräusche um ihn herum, andererseits war sein Gesang wie eine temperamentvolle Sprache zum Zwecke der Anrede, einer Aufforderung, Bitte oder Warnung. Wie deutlich konnte er sich ausdrücken! Im Zimmer half ihm noch die Mimik, Gebärde seines ganzen Körpers; jetzt im Freien, da ich ihn oft gar nicht sah oder nur von Weitem, machte er mir unmissverständlich durch Gesang und Laute in allen Skalen klar, was er wollte, hatte ich mich doch nun seit

Jahren auf seine «Sprache», auf seine ungewöhnliche Ausdrucksfähigkeit «eingehört».

Viele Erlebnisse solcher Art reihten sich in unseren Tageslauf. Wie damals um die Tannenäste bei seinem Nest kämpfte er noch einmal um seine hohe Singtanne, als er meinte, ich wollte sie zerstören. Ich schlug nur die unteren dürren Äste ab. Aber schon war er dicht neben mir und suchte mich mit schärfstem Geknattere zu hindern.

Im Frühsommer ging es um ein Nesselfeld, das ich anfing abzumähen. Nesselsamen gehören zum Lebenselixier für Rotkehlchen und sind besonders im Herbst wichtigste Grundlage der Ernährung. Daran, dass der Vogel schon im Sommer die noch unreifen Nesseln verteidigte, wird erkennbar, wie Vögel mit ihren nährenden Gebieten zusammenleben. Welche Voraussicht führt sie, wenn sie junge Pflanzen überwachen, die erst sehr viel später fertige Speise für sie liefern werden?

In diesem Falle, bei dem der Vogel dicht an meiner Sense

lamentierte, konnte ich ihm nicht nachgeben. Die Nesseln durften grade an diesem Platz nicht überhand nehmen, und zum Glück gab es noch an allen Weg- und Wiesenrändern des Odenwaldes wahre Musterexemplare von Nesseln. Ich wünsche den Singvögeln dort, dass im Zuge der landwirtschaftlichen Intensivierung die Nessel – die heilige Pflanze des Thor, dessen besonderer Schützling das Rotkehlchen ist – nicht allzu schnell ausgerottet wird. (Sie bildet übrigens auch die Wiege für unsere schönsten Schmetterlinge.)

Später gab's noch ein Rencontre im Wiesengarten:

Der Holunderbusch hatte eine enorme Last herrlicher Beeren, wie eine rotblaue Woge – leuchtend in der Sonne. Ehe sie gepflückt werden sollten, holte ich meinen Photoapparat und versuchte, von der einen oder anderen Seite, wie ich ein Bild des Überreichtums zustande brächte.

Mein Aufpasser merkte sofort, dass ich etwas mit dem Baum vorhätte. Er brachte den Mut auf, sich vorn sichtbar mit offener Brust ins äußere Gezweig zu setzen, gerade, wohin ich meinen Apparat gerichtet hatte, und schrie mir ein Warnlied zu, das so verzweifelt klang wie damals, als er sein Nest verteidigte.

Ich erschrak (mit halbem Bewusstsein schaltete ich, dass ich das für eine Vogelaufnahme notwendige Objektiv nicht bei mir hatte), ging unverrichteter Sache zum Hause hinauf und entsann mich, dass ich einmal las: Holunderbeeren seien die Lieblingsspeise nicht nur von Amseln, sondern auch von insektenfressenden Singvögeln.

Ich schlug nach. Da stand es klar: Die allerliebste Lieblingsspeise!

Und wir wollten alle Beeren pflücken und Saft kochen, den – ehrlich gesagt – niemand im Hause mag? Die Vögel dagegen hatten sicher schon Tage und Wochen mit der heranreifenden Delikatesse geliebäugelt und die zunehmenden Früchte beobachtet. (Das gute Überwintern der Vögel hängt von geeigneter Kost im Herbst ab.) Sicher hatten sie bereits diesen Busch, der zum ersten Mal so reich trug, in ihre Speisekarte einbezogen. Jetzt, in diesem Moment, in dem die Vogelherzen mit Spannung der Hochreife ihres Mahles entgegenwarteten, sollte ich vor ihren Augen den Baum plündern?

Mein Entschluss war schnell gefasst: Sie sollten ihre Hollerbeeren haben! – Der zentnerschwer behangene Baum blieb von Menschenhänden unberührt.

Und – – – in zehn Tagen war nicht mehr eine Beere drauf! Die fliegenden Gäste hatten schwelgerisch geerntet.

In weitem Umkreis sah man – besonders auf den Zaunpfosten – die lila Tüpfchen ihres raschen und gesunden Grundumsatzes.

Während der ganzen Jahre unserer Bekanntschaft bemerkte ich nur zweimal, dass er um seine Nahrung kämpfte, um Nesseln und Holunderbeeren (wie eben berichtet): den weitaus größeren Teil seiner Äußerungen jedoch nahmen seine Gespräche mit mir und anderen Wolfsbrunnbewohnern ein und vor allem aber seine musikalischen, leidenschaftlich ausgeübten Spiele.

Wenn das Tageslicht sank und der Vogel seine Abendlieder begann, verließ ich leise meine Arbeit und ging ums Haus, diesem zartesten und gefühlsstärksten aller Konzerte zuzuhören. Im Talgrund gegenüber wohnten noch vier Rotkehlchen und es war ein Zauber, wenn sie sich gegenseitig antworteten. Je schwächer das Licht wurde, desto melodischer färbten sich die Stimmen. Da und dort wachte eine neue kleine Flöte auf und vermischte sich mit dem Widerschein des Abendhimmels. Lange, nachdem die andern Vögel schwiegen, hob sich von den Tannenspitzen das Rotkehlchenlied, bis dann erst im fast Dunkeln auch das letzte verstummte.

Ich hatte oft still und andächtig nur zugehört. Wenn ich aber noch bei Helligkeit ums Haus gekommen war, während mein Vogel sang, bemerkte er mich, wandte sich mir zu und forderte mich deutlich mit einem Angesang heraus, wartete dann, bis ich antwortete, und so sangen wir zwei miteinander und kümmerten uns nicht um die andern Partner. Dass er mich solchermaßen bevorzugte, ehrte und ergötzte mich. Wie oft betrieb ich dieses Spiel mit ihm über die Einschlafzeit hinaus, und erst beim Einfall der Nacht verschwand er in seinen Schlafwald.

Und später...

In den folgenden Jahren konnte ich nicht mehr so häufig im Wolfsbrunn wohnen wie bisher. Aber jeder Aufenthalt dort brachte neue beglückende Erlebnisse mit dem Tier, das anscheinend ein Erinnerungsvermögen über Monate und Jahre hinaus besaß. Eine Menge Geschichten wären zu erzählen, die fast wie eine Biographie des kleinen Wesens anmuten würden, das da, von anderen unbemerkt, Jahr um Jahr im selben Revier seine streng geregelten Kreise zog und sich doch, sobald ich hinkam, zu erstaunlichem Reagieren hinreißen ließ. Irgendetwas machte er immer so, wie man es nie erwartet hätte. Ich genoss alle Sensibilität, die er mir zu beobachten aufgab, wie ein seltsames Schauspiel, in das ich mich verflochten fühlte.

Nur leider wurden meine Fahrten dorthin seltener.

So sehr mich auch mein Herz zog, oft konnte ich wochenlang nicht nach den Vögeln sehen. Bei jedem Schneefall plagte mich die Frage: Was habe ich versäumt? Womöglich hungert jetzt das kleine Volk. Ohne die bereitwillige Hilfe von Fräulein Franziska Trunk wäre es mir wohl auch kaum gelungen, das Vogelparadies im Wolfsbrunn zu erhalten. Ihr habe ich zu verdanken, dass ich nun seit langen Jahren meine Beobachtungen fortsetzen konnte, ohne selbst die Sänger zu pflegen. War es nicht ein Wunder, dass der schon alt gewordene Vogel jede schlimmste Jahreszeit überstand?

Bei jeder neuen Anfahrt beschlich mich die Bangigkeit:

Wird er mir noch ein Lebenszeichen geben?

Werde ich noch einmal seine Stimme hören?

Ich weiß es ja: Einmal kommt der Moment, in dem ich ihn suchen werde, da und dort nach ihm pfeifend – – – in dem ich horchen werde – und seine Antwort ausbleibt.

Er schläft.

Nachwort

Am 17. November dieses Jahres werden es elf Jahre, dass ich den Vogel fand. Jahre voller Intensität, voll unentwegt neuer Erfahrungen, geschmückt und erhellt von unzähligen herzerwärmenden Erlebnissen mit dem anfangs fast völlig fremden Gaste.

Muss man sich da nicht fragen: Was ist es eigentlich für ein Wesen, dem es gelingt, unser Interesse, unsere Zuneigung so lange Zeit hindurch wach zu halten, uns vor dauernd neue Probleme zu stellen, ja, uns manches entdecken zu lassen, das wie eine Offenbarung anmutet?

Die erstaunlichen Gesetze der Vogel-Physis, die Berichte, wie er lebt, wie er sich in einzelnen Situationen verhält, also alles, was die Ornithologie über ihn feststellen konnte, ist brennend interessant und notwendig zu wissen. Doch der Kern der Frage, was den Menschen an das Vogelwesen bindet, reicht in weitere Gebiete, und nur sehr vorsichtig können wir uns hier um Aufschlüsse bemühen.

Wenn wir die Möglichkeit haben, einen Wildvogel nahe kennenzulernen, spüren wir etwas von einer geheimnisvollen Welt, die ihn umgibt. Wir nehmen mehr wahr als das, was unsere Augen sehen. Wir haben das Gefühl, dass in diesem geflügelten Wesen sehr weite Bereiche auf uns zukommen, die von der experimentellen Wissenschaft trotz ihrer achtunggebietenden Arbeit nicht erfasst werden.

Wenn wir Worte aus prominentestem Biologen- und Ornithologen-Munde hören, wie diese, «dass unter den an der Gesamtleistung menschlichen Erkennens beteiligten Funktionen keine, auch nicht die des Quantifizierens, als Quelle wissenschaftlicher Erkenntnis einen Primat über irgendeine andere besitzt, und dass in der Systemganzheit aller Erkenntnisleistungen die Wahrnehmung komplexer Gestalten eine nicht nur wissenschaftlich legitime, sondern völlig unentbehrliche Rolle spielt»,[1] so müssen wir dies als eine sehr ernste Aufforderung an die Forscher verstehen, alle Erkenntnisquellen aufzusuchen, die sich der Mensch erschließen kann, keiner den Vorrang zu geben, somit auch in die Bereiche einzudringen, die wesentlich bestimmend hinter der physischen Erscheinung stehen. Konrad Lorenz gibt, obwohl er selbst «an eine außernatürliche Herkunft einer ‹Inspiration› nicht recht glauben mag», noch des Öfteren in seinem Büchlein den Hinweis auf diese Bereiche.[2]

Es ist dies eine sehr interessante Brücke hin zu der Art der Naturwissenschaft, die Rudolf Steiner dargestellt hat und die uns mit anderen Bewusstseinslagen und Erkenntnisebenen bekannt macht.

Was nun mein Rotkehlchen anbelangt, kann ein Ausspruch von Konrad Lorenz im Hinblick auf Vorträge von Rudolf Steiner einen großen Fragenkomplex in Bewegung bringen.

«Hat man aber gelernt, tiefer in die Tierseele zu blicken, und hat man sich abgewöhnt, die eigene Seele in das Tier zu projizieren, im Glauben, es müsse den Pfleger lieben, weil er es liebt, dann sieht man schließlich in den dunklen Märchenaugen des Rotkehlchens nur die eine, sicherlich wenig gemütstiefe Frage: ‹Kriege ich nun eigentlich meinen Mehlwurm oder nicht›.»[3]

Ich glaubte, bei meinen Beobachtungen noch zu anderem Resultat gekommen zu sein. Aber wir finden in dem Passus des Begründers der «Gestaltwahrnehmung» eine wunderbare, man möchte fast sagen, hellsichtige Aussage über das Rotkehlchen: «dann sieht man schließlich in den dunklen Märchenaugen des Rotkehlchens …» Er benutzt dieses Wort in negativem Sinne. Aber es gibt wohl keine schönere Darstellung des Vogels, die uns in das Meer der

Fragen leitet: Was ist es für ein Wesen, aus dem die dunklen Märchenaugen zu uns sprechen? Wo sind denn seine Märchen? Und aus welchen Welten kommen sie? Können wir noch ein Verständnis für sie, einen Zugang zu ihnen finden? Früher war es überall Sitte, Rotkehlchen in Käfigen in der Stube zu halten. Wir müssen das Gesetz begrüßen, das jetzt die frei geborenen Sänger vor den Grausamkeiten schützt, die mit der Käfighaltung verbunden sind; aber der Erfolg ist, dass sie auch niemand mehr kennt. Früher hörten die Kinder die Lieder, die der Vogel bei ihnen im Zimmer sang, und konnten ihn draußen im Walde wieder erkennen. Heute reicht der scheue Vogel, der oft seine rote Brust verbirgt, kaum mehr in das Bewusstsein der Landbevölkerung – selbst in Gebieten, die von Rotkehlchen stark besiedelt sind. Keine alte Erzählung ist mehr in den Dörfern zu erfahren, die Schulbibliotheken sind modernisiert. Ganz selten weiß noch jemand von Großväter-Erzählung her die Golgatha-Legende.

Aber unsere Märchen- und Mythensammler Grimm, Mannhardt, Dähnhardt, Hopf, Peukert und Dichter wie Fiona MacLeod und Selma Lagerlöf haben uns manche schöne Legende über das Rotkehlchen aufgeschrieben. Um jedoch in ihre eigentliche Sphäre vorzudringen, müssen wir uns mit der Welt der Mythen beschäftigen, wobei uns die oben genannten Mythologen, aber auch Friedrich Creuzer (*Symbolik und Mythologie der alten Völker*, 1822) oder Walter F. Otto (*Theophania,* 1959) helfen.

Die großen und umfassendsten Aufschlüsse aber gibt uns Rudolf Steiner in seinen Darstellungen der frühen Erdgeschichte und der Entwicklung des Menschen. In vorgeschichtlichen Perioden stand der Mensch noch in Verbindung mit geistigen Wesenheiten, auch mit der höheren, weisheitsvollen Seele über Tieren. Heute nimmt man nur ihre physische Erscheinung wahr.

Hermann Poppelbaum weist in seiner *Tier-Wesenskunde* auf diese Zusammenhänge hin.

Durch die persönlichen Erlebnisse mit dem Rotkehlchen angeregt, versuchte ich, den Fragen nach dem Wesen des Vogels nachzugehen, wie es sowohl im Mythos als auch in den Zeugnissen der Wissenschaft von Aristoteles an bis in die neueste Ornithologie anklingt.[4]

Die Porträts des Rotkehlchens, von beobachtenden Menschen

seit der griechischen Antike geschrieben, ergeben in gewisser Weise eine Entwicklungsgeschichte des Menschen seit dieser Zeit durch die Art, wie der Mensch beobachtete und notierte.

In gleicher Weise können wir verfolgen, wie seit alters her über den Vogelsang geschrieben wurde und wie man heute über ihn denkt. Es sind dies Sonderstudien, wie auch die Ornithologie aus dem Vogelgesang eine Sonderwissenschaft bildete.[5]

So kann das vorliegende Büchlein nur als Ausgangspunkt für eine größere Arbeit betrachtet werden. Und auch diese vermag nur ein Beginn zu sein – vielleicht eine Anregung, die Frage nach dem Wesen des Vogels und seinem Verhältnis zum Menschen wach zu erhalten.

Anmerkungen

1 Konrad Lorenz, *Gestaltwahrnehmung als Quelle wissenschaftlicher Erkenntnis,* Darmstadt 1964, S. 51.

2 Ebd. beschreibt Lorenz auf den Seiten 46 und 50 sehr genau, wie zum Beispiel die großen Erfinder innerhalb der heutigen Naturwissenschaft zu ihren «Lösungen» kamen: «Stets kommt die Lösung als eine Überraschung, eine Erleuchtung, die von außen herzu kommen scheint (...) Es ist ganz buchstäblich so, als ob ein Bote, den man mit einem bestimmten Erkundungsauftrag ausgeschickt hat, sich mit der Nachricht des Erfolges zurückmeldet. C. F. von Weizsäcker hat dies einst auf einem zwanglosen Treffen kybernetisch interessierter Biologen sehr anschaulich geschildert, besonders auch, wie man im entscheidenden Augenblick zunächst mit voller Sicherheit nur weiß, dass man die Lösung hat, aber noch nicht, wie sie aussieht. Das Erlebnis ist dabei ganz so, als überreichte einem jener Bote die erwartete Erfolgsmeldung in einem verschlossenen Brief.»

3 Konrad Lorenz, *Er redete mit dem Vieh, den Vögeln und den Fischen.* München 1965.

4 David Lack, *The life of the Robin* und *Robin Redbreast* sowie Gerhard Ruschke, *Freilandbeobachtungen an Zaunkönig und Rotkehlchen*, Darmstadt 1963.

5 O. Koehler, *Der Vogelgesang als Vorstufe von Musik und Sprache*, 1951; Armstrong, *A Study of Bird Song*, 1963; Thorpe, *Bird-Song*, 1961.

Walther Streffer

Magie der Vogelstimmen

Die Sprache der Natur verstehen lernen.
240 Seiten mit 90 farbigen Abbildungen
sowie einer CD mit 89 Stimmbeispielen
einheimischer Singvögel, gebunden
ISBN 978-3-7725-2240-6

«Wer wie der Autor auf den ‹beseelten Ton› im Vogelgesang hört, bewegt sich wissenschaftlich auf dünnem Eis. Doch Streffer kann sich weit hinauswagen, ohne einzubrechen. Davor bewahrt ihn seine große Nähe zur lebenden Natur – jener Blick auf das ‹Ganze›, ohne den auch die methodisch auf Zerstückelung angewiesene Wissenschaft nicht auskommt. – Streffers Buch ist sowohl geeignet, Laien jene spezielleren Kenntnisse zu vermitteln, die den Genuss am Vogelgesang erheblich zu steigern vermögen, als auch Experten zu weiteren Nachforschungen anzuregen.» *Reinhard Lassek, Spektrum der Wissenschaft*

Verlag Freies Geistesleben